東京大学工学教程

基礎系 化学

物理化学Ⅲ 分子分光学と
分子統計熱力学

東京大学工学教程編纂委員会 編　　三好　明 著

Physical Chemistry Ⅲ

Molecular Spectroscopy and
Molecular Thermodynamics

SCHOOL OF ENGINEERING
THE UNIVERSITY OF TOKYO

丸善出版

東京大学工学教程

編纂にあたって

　東京大学工学部，および東京大学大学院工学系研究科において教育する工学は
いかにあるべきか．1886 年に開学した本学工学部・工学系研究科が 125 年を経
て，改めて自問し自答すべき問いである．西洋文明の導入に端を発し，諸外国の
先端技術追奪の一世紀を経て，世界の工学研究教育機関の頂点の一つに立った
今，伝統を踏まえて，あらためて確固たる基礎を築くことこそ，創造を支える教
育の使命であろう．国内のみならず世界から集う最優秀な学生に対して教授すべ
き工学，すなわち，学生が本学で学ぶべき工学を開示することは，本学工学部・
工学系研究科の責務であるとともに，社会と時代の要請でもある．追奪から頂点
への歴史的な転機を迎え，本学工学部・工学系研究科が執る教育を聖域として閉
ざすことなく，工学の知の殿堂として世界に問う教程がこの「東京大学工学教程」
である．したがって照準は本学工学部・工学系研究科の学生に定めている．本工
学教程は，本学の学生が学ぶべき知を示すとともに，本学の教員が学生に教授す
べき知を示す教程である．

2012 年 2 月

　　　　　　　2010-2011 年度
　　　　　　　東京大学工学部長・大学院工学系研究科長　北　森　武　彦

東京大学工学教程

刊 行 の 趣 旨

　現代の工学は，基礎基盤工学の学問領域と，特定のシステムや対象を取り扱う
総合工学という学問領域から構成される．学際領域や複合領域は，学問の領域が
伝統的な一つの基礎基盤ディシプリンに収まらずに複数の学問領域が融合した
り，複合してできる新たな学問領域であり，一度確立した学際領域や複合領域は
自立して総合工学として発展していく場合もある．さらに，学際化や複合化はい
まや基礎基盤工学の中でも先端研究においてますます進んでいる．

　このような状況は，工学におけるさまざまな課題も生み出している．総合工学
における研究対象は次第に大きくなり，経済，医学や社会とも連携して巨大複雑
系社会システムまで発展し，その結果，内包する学問領域が大きくなり研究分野
として自己完結する傾向から，基礎基盤工学との連携が疎かになる傾向がある．
基礎基盤工学においては，限られた時間の中で，伝統的なディシプリンに立脚し
た確固たる工学教育と，急速に学際化と複合化を続ける先端工学研究をいかにし
てつないでいくかという課題は，世界のトップ工学校に共通した教育課題といえ
る．また，研究最前線における現代的な研究方法論を学ばせる教育も，確固とし
た工学知の前提がなければ成立しない．工学の高等教育における二面性ともい
え，いずれを欠いても工学の高等教育は成立しない．

　一方，大学の国際化は当たり前のように進んでいる．東京大学においても工学
の分野では大学院学生の四分の一は留学生であり，今後は学部学生の留学生比率
もますます高まるであろうし，若年層人口が減少する中，わが国が確保すべき高
度科学技術人材を海外に求めることもいよいよ本格化するであろう．工学の教育
現場における国際化が急速に進むことは明らかである．そのような中，本学が教
授すべき工学知を確固たる教程として示すことは国内に限らず，広く世界にも向
けられるべきである．2020 年までに本学における工学の大学院教育の 7 割，学

－v－

部教育の3割ないし5割を英語化する教育計画はその具体策の一つであり，工学
の教育研究における国際標準語としての英語による出版はきわめて重要である．

　現代の工学を取り巻く状況を踏まえ，東京大学工学部・工学系研究科は，工学
の基礎基盤を整え，科学技術先進国のトップの工学部・工学系研究科として学生
が学び，かつ教員が教授するための指標を確固たるものとすることを目的とし
て，時代に左右されない工学基礎知識を体系的に本工学教程としてとりまとめ
た．本工学教程は，東京大学工学部・工学系研究科のディシプリンの提示と教授
指針の明示化であり，基礎(2年生後半から3年生を対象)，専門基礎(4年生から
大学院修士課程を対象)，専門(大学院修士課程を対象)から構成される．した
がって，工学教程は，博士課程教育の基盤形成に必要な工学知の徹底教育の指針
でもある．工学教程の効用として次のことを期待している．

- 工学教程の全巻構成を示すことによって，各自の分野で身につけておくべき
  学問が何であり，次にどのような内容を学ぶことになるのか，基礎科目と自
  身の分野との間で学んでおくべき内容は何かなど，学ぶべき全体像を見通せ
  るようになる．
- 東京大学工学部・工学系研究科のスタンダードとして何を教えるか，学生は
  何を知っておくべきかを示し，教育の根幹を作り上げる．
- 専門が進んでいくと改めて，新しい基礎科目の勉強が必要になることがある．
  そのときに立ち戻ることができる教科書になる．
- 基礎科目においても，工学部的な視点による解説を盛り込むことにより，常
  に工学への展開を意識した基礎科目の学習が可能となる．

東京大学工学教程編纂委員会　　委員長　光　石　　　衛

幹　事　吉　村　　　忍

基礎系 化学

刊行にあたって

　化学は，世界を構成する「物質」の成り立ちの原理とその性質を理解することを目指す．そして，その理解を社会に役立つ形で活用することを目指す物質の工学でもある．そのため，物質を扱うあらゆる工学の基礎をなす．たとえば，機械工学，材料工学，原子力工学，バイオエンジニアリングなどは化学を基礎とする部分も多い．本教程は，化学分野を専攻する学生だけではなく，そのような工学を学ぶ学生も念頭に入れ編纂した．

　化学の工学教程は全20巻からなり，その相互関連は次ページの図に示すとおりである．この図における「基礎」，「専門基礎」，「専門」の分類は，化学に近い分野を専攻する学生を対象とした目安であるが，その他の工学分野を専攻する学生は，この相関図を参考に適宜選択し，学習を進めて欲しい．「基礎」はほぼ教養学部から3年程度の内容ですべての学生が学ぶべき基礎的事項であり，「専門基礎」は，4年から大学院で学科・専攻ごとの専門科目を理解するために必要とされる内容である．「専門」は，さらに進んだ大学院レベルの高度な内容となっている．

＊　＊　＊

　本書は，分子統計熱力学をテーマとしている．分子運動を統計集団として扱い，そこから熱力学関数を導き出す一連の流れからは，学問の美しさを感じることができるだろう．分子統計熱力学は，熱力学関数以外にも物質のさまざまなマクロな性質を導くことができる．そのため，さまざまな物質科学の基礎をなす．本書は，第1部「分子構造と分光学」，第2部「分子統計熱力学」，第3部「分子間相互作用」の三部構成となっている．化学分野の相互関連図にあるとおり，本書の内容は「物理化学I」，「量子化学」，「機器分析I，II」と関連する．また，物理分野では「光学I，II」「量子力学I」，「統計力学I」，「電磁気学I」と関連がある．それぞれの学習目的や理解度に合わせて，これらの巻もあわせて読まれたい．

東京大学工学教程編纂委員会
化学編集委員会

viii 基礎系 化学 刊行にあたって

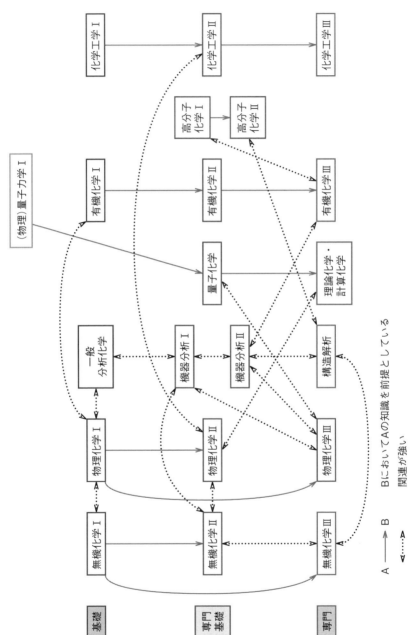

工学教程(化学分野)相互相関図

目　　次

はじめに 1

0　導　　入 3

第 1 部　分子構造と分光学 7

1　分子の光吸収と光放出 9

   1.1　Lambert-Beer の法則 9

   1.2　波長領域と分子運動 11

      1.2.1　地 球 温 暖 化 11

      1.2.2　波 長 領 域 14

      1.2.3　波長と周波数/波数/エネルギー 16

2　二原子分子の振動 19

   2.1　調和振動子近似 19

      2.1.1　振 　動 　数 20

      2.1.2　分子振動の量子化 21

      2.1.3　振動エネルギー準位 22

   2.2　赤外振動遷移 23

      2.2.1　遷移双極子モーメント 24

      2.2.2　赤外振動遷移 24

      2.2.3　選 　択 　則 26

      2.2.4　赤 外 活 性 26

   2.3　振動 Raman 散乱 27

      2.3.1　分 　極 　率 28

      2.3.2　振動 Raman 散乱の古典的解釈 28

x 　　目　　次

2.3.3　散乱モーメント 29
2.3.4　振動 Raman 散乱 30
2.3.5　選択則・Raman 活性 30

3　二原子分子の回転 **31**
3.1　剛体回転子近似 31
3.1.1　エネルギー準位 32
3.1.2　回転波動関数と多重度 32
3.2　純 回 転 遷 移 33
3.2.1　純回転遷移活性・選択則・遷移波数 34
3.3　回転 Raman 散乱 35
3.3.1　回転 Raman 活性・選択則・遷移波数 37

4　多原子分子の振動と回転 **39**
4.1　多原子分子の振動 39
4.1.1　振動子数と基準振動 39
4.1.2　赤外吸収スペクトル 40
4.1.3　選択則と赤外活性・Raman 活性 41
4.2　多原子分子の回転 44
4.2.1　慣性モーメント 44
4.2.2　エネルギー準位 44
4.2.3　純回転遷移・回転 Raman 46

5　電　子　遷　移 **47**
5.1　電　子　ス　ピ　ン 47
5.2　電子軌道角運動量 49
5.2.1　原　　子 49
5.2.2　直線分子・結合 51

目　次　　xi

第 2 部　分子統計熱力学 **55**

6　熱 平 衡 状 態 **57**

6.1　微 視 的 平 衡 57

　　6.1.1　Boltzmann 分布 57

　　6.1.2　多　重　度 58

6.2　巨 視 的 平 衡 60

　　6.2.1　状態の集合間の平衡 60

　　6.2.2　化 学 平 衡 定 数 61

7　統計力学の方法論 **63**

7.1　分　配　関　数 63

　　7.1.1　電子分配関数 63

　　7.1.2　振動分配関数 64

　　7.1.3　回転分配関数 65

　　7.1.4　並進分配関数 67

7.2　最 優 勢 配 置 68

　　7.2.1　配 置 と 重 率 68

　　7.2.2　Boltzmann 分布の導出 71

8　熱力学関数と分配関数 **73**

8.1　概　　念 73

　　8.1.1　Na 原 子 73

　　8.1.2　化 学 平 衡 74

8.2　内部エネルギーと熱容量 75

　　8.2.1　分子運動からの寄与 76

8.3　エ ン ト ロ ピ ー 78

　　8.3.1　分子運動からの寄与 79

第 3 部　分子間相互作用 **81**

9　分 子 の 極 性 **83**

9.1　ミクロな極性 83

9.1.1	永久双極子モーメント	83
9.1.2	誘起双極子モーメント	84

9.2 マクロな物性 84

9.2.1	誘　電　率	84
9.2.2	屈　折　率	85
9.2.3	分極への双極子と分極率の寄与	85
9.2.4	Debye の式	86
9.2.5	Clausius-Mossotti の式	86

10 分　子　間　力 87

10.1 双極子相互作用 87

10.1.1 平均ポテンシャル 88

10.2 相互作用ポテンシャル 89

10.2.1 剛体球ポテンシャル 89

10.2.2 L-J ポテンシャル 89

お　わ　り　に 91

参　考　文　献 93

索　　　引 95

は じ め に

　熱力学は大学の理工系基礎科目であるが，使いこなすのは難しいと感じている読者も少なくないだろう．物質の内部エネルギーは「分子運動の激しさ」と理解できても，エントロピーを直観的にとらえることは容易ではない．

　本書で扱う分子統計熱力学は，分子運動からエントロピーをはじめとする熱力学関数を明快に説明する学問である．このことは必ずしも十分に認知されていない．統計力学の数学的な難解さと，分子運動の量子力学が既習要件であることなどが原因であろう．しかし，ひとたび分子のエネルギー状態と基本原理であるBoltzmann 分布則に関する理解が得られれば，そこから平衡定数や熱力学関数が導かれることは容易に理解される．

　本書は，量子化学の初歩と熱力学の既習者が，このような分子統計熱力学の概念を習得することを主眼に書かれている．第 1 部「分子構造と分光学」で分子スペクトルは分子運動の量子化を示す事実であり量子力学によって明快に説明できることを理解する．第 2 部「分子統計熱力学」では，離散的なエネルギー準位に関する情報と Boltzmann 分布則から熱力学関数が導かれることを示す．第 3 部「分子間相互作用」は，分子のミクロな性質から導かれる，物質のマクロな性質の別の好例である．

0 導　入

　本書の目的は，分子の振動や回転などのミクロな運動と，熱力学関数などの物質のマクロな性質の関係を明らかにすることである(図0.1)．第1部「分子構造と分光学」では，分光学とそれから知ることのできる分子の離散化されたエネルギー準位についての理解を深める．基本的に一つの光子は一つの分子と相互作用するので，光吸収や発光は個々の分子運動の情報を強く反映する．とくに気体中の分光学では，孤立した状態の分子の精密な情報を得ることができる．第2部「分子統計熱力学」では分子運動に関する情報から「分配関数」を介して，気体の内部エネルギー，エントロピーなどの熱力学関数が導出されることを示す．第3部「分子間相互作用」は熱力学関数以外の物性のうち，分子のミクロな性質との関連が明瞭である誘電率や屈折率と，分子間にはたらく相互作用について解説する．

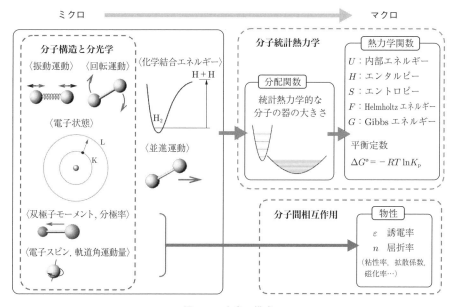

図 0.1　本書の構成

分子統計熱力学によって説明される熱力学関数の典型的な例は，気体のモル熱容量である．R をモル気体定数とすると，多くの常温の気体のモル定容熱容量 ^mC_V が $\frac{1}{2}R$ の整数倍で表されること，具体的には単原子気体で $\frac{3}{2}R$，二原子分子気体で $\frac{5}{2}R$ であることはよく知られている．多くの熱力学の教科書では，これをエネルギー「均分律」あるいは「均分原理」と紹介し，分子の並進と回転の 1 自由度はモル熱容量に $\frac{1}{2}R$ だけ寄与すると説明される．図 0.2 に示したアルゴン（Ar）と窒素（N_2）の熱容量は，常温付近では確かにこの原理に従っている．本書の 8 章に示す，分子統計熱力学の結果に従えば，気体の定容モル熱容量は，以下のように表される．

$$^mC_V(3\text{ 次元古典並進}) = \frac{3}{2}R \tag{0.1}$$

$$^mC_V(r\text{ 次元古典回転}) = \frac{r}{2}R \quad (r=2\text{ あるいは }3) \tag{0.2}$$

$$^mC_V(n\text{ 個の振動}) \quad \text{高温} \to nR$$
$$\text{低温} \to 0 \tag{0.3}$$

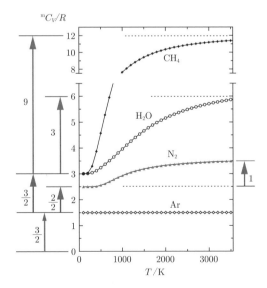

図 0.2　気体のモル定容熱容量の温度変化

モル熱容量がなぜこのような単純な式で表されるのか，という疑問に明快な答えを与えてくれるのが分子統計熱力学である．振動運動は離散的なエネルギー間隔が熱エネルギーと同程度であるために量子論的な効果が無視できず，Arなどの単原子気体以外の熱容量は図に示すような温度依存性を示す．

この量子論的な効果を図0.3で概念的に説明する．温度Tにおいて分子がもつエネルギーは，k_BをBoltzmann(ボルツマン)定数とするとk_BTのオーダーである．これが振動の離散的エネルギー間隔εよりも十分に小さい場合(図0.3(a))，分子は最もエネルギーの低い振動状態(振動基底状態)にあって，エネルギーの高い状態(振動励起状態)にはほとんど存在しない．このような状況では分子振動はエネルギーを蓄えることができない，すなわち分子振動は熱容量には寄与しない．図0.2のN_2はおよそ500 K以下ではこの状態にある．逆にk_BTがεよりも十分に大きい場合(図0.3(b))，準位は連続的に存在すると近似(**古典近似**)することができるようになるため，一つの振動運動は熱容量にRだけ寄与するようになる(**古典極限**)．図0.2のN_2の振動の場合，およそ3000 K以上では古典極限にあると考えられる．H_2OやCH_4のような多原子分子には複数の振動があり，εの大きいものも小さいものもあるために，熱容量は複雑な温度依存をする．しかし低温の極限における振動の寄与は0，高温の極限では(振動の数)$\times R$である．

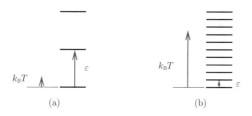

図 0.3　熱エネルギー(k_BT)と離散的エネルギー間隔(ε)の関係
(a)　$k_BT \ll \varepsilon$(低温)，(b)　$k_BT \gg \varepsilon$(高温，古典極限)

ここで，k_B(Boltzmann定数)とR(気体定数)の関係について述べておく．次式に示すように，Boltzmann定数は気体定数をAvogadro(アボガドロ)定数N_Aで除したものである．

$$k_B = \frac{R}{N_A} \tag{0.4}$$

つまり，温度Tにおける代表エネルギーをk_BTと書いた場合は1分子あたりの

エネルギーを，RT と書いた場合は1モルあたりのエネルギーを意味している．熱力学ではモルあたりの量を議論することが多いので R を用いるが，統計熱力学では分子レベルから議論を始めるために，k_B を用いることが多い．概念的には $k_B T$ も RT も同じものを指していると考えてよいが，数値はもちろん明確に異なるので注意が必要である．

第1部　分子構造と分光学

　第1部(1〜5章)では，分子がその振動や回転運動と共鳴する周波数(振動数)の光と相互作用すること，また，その結果として観測されるスペクトルは，分子運動が量子力学に従うことを示していることを理解する．「分子構造」という言葉は，単に分子の中の原子の幾何学的な配置を意味するだけでなく，電子の配置や，分子中の電子や原子核の運動によるエネルギー準位の構造も意味する言葉として使われる．ここで議論するエネルギー準位や多重度は，第2部の分子統計熱力学によって熱力学関数などのマクロな性質を説明するために用いられる．また，遷移・散乱モーメントの概要と赤外活性・Raman 活性，選択則について理解する．

1 分子の光吸収と光放出

本章では光吸収の基本法則,Lambert-Beer の法則を示し,分子運動の種類によって共鳴する光の波長領域が異なることを,地球温暖化現象などの例を示しながら解説する.また,光子エネルギー・波長・周波数(振動数)・波数などの基本的な関係を理解する.

1.1 Lambert-Beer の法則

光の吸収により物質中の光の強度は,その進行方向に沿って図 1.1 に示すように変化し,式(1.1)の **Lambert-Beer**(ランベルト・ベール)**の法則**で表される.ここで,I_0 および I は入射光および透過光の強度であり,ε または σ は**吸光係数**,c は光を吸収する物質の濃度,l は光路長である.

$$I = I_0 \, 10^{-\varepsilon c l}, \quad \log_{10} \frac{I}{I_0} = -\varepsilon c l \tag{1.1a}$$

$$I = I_0 \, e^{-\sigma c l}, \quad \ln \frac{I}{I_0} = -\sigma c l \tag{1.1b}$$

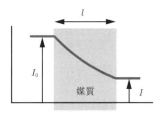

図 1.1 Lambert-Beer の法則

測定される基本量として,$T = \dfrac{I}{I_0}$ を**透過率**とよび,$\varepsilon c l$ あるいは $\sigma c l$ に等しい $A = -\log_{10} \dfrac{I}{I_0}$ あるいは $A = -\ln \dfrac{I}{I_0}$ は**吸光度**とよばれる.歴史的な理由により,

常用対数表現(式(1.1a))と自然対数表現(式(1.1b))が混在し，濃度と光路長の単位の違いによりさまざまな単位の吸光係数があることに注意が必要である．ここでは代表的な二つの吸光係数について述べる．

a. モル吸光係数 ε

光路長に cm，濃度にモル濃度 mol dm^{-3}(= mol L^{-1} = M)を用いた吸光係数であり，液体の吸収では最も一般的に用いられるものである．単位は dm^3 mol^{-1} cm^{-1}(= M^{-1} cm^{-1})である．今日，対数の底には e を用いるのが一般的であるが，古い文献などでは底に 10 を用いたものもあり，単位が同じであっても値が異なるため，注意が必要である．

b. 吸光断面積 σ

光路長に cm，濃度に分子個数密度 molecules cm^{-3} を用いた吸光係数で，単位は(molecules cm^{-3})$^{-1}$ cm^{-1} = cm^2 molecule^{-1} となるが，1 分子(粒子)あたりの量には通常 molecule^{-1} を付けないので cm^2 と表記される．またこの単位の次元から，**吸光断面積**とよばれる．気相の吸収に用いられることが多い．古典的には図 1.2 に示すように，分子 1 個の影の面積と解釈することができる．

図 **1.2** 吸光断面積 σ(= 分子 1 個の影の面積)

吸収線幅が小さい場合など，吸収が Lambert–Beer の法則に従わないケースがいくつか知られているが，詳細は本書では述べない．専門書を参照されたい．

1.2 波長領域と分子運動

1.2.1 地球温暖化

図1.3に地球の熱収支を模式的に示す．地球は太陽光放射で温められ，宇宙空間への黒体放射によって冷却されるため，地表面の温度は主にこの二つのバランスによって維持されている．図1.4に示すように太陽放射はおよそ5780 Kの黒体放射で近似でき，可視光から近赤外領域に強い放射がある．一方で地球は平均地表面温度（～255 K）の黒体放射によって冷却されるが，そのスペクトルは赤外領域にあり，両者は異なる波長領域にある．二酸化炭素は赤外領域に強い吸収をもつために，地球からの放射を大気中に閉じ込めるはたらきをする．これが二酸

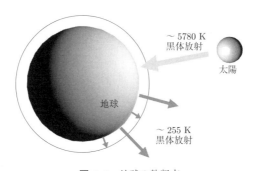

図 1.3　地球の熱収支

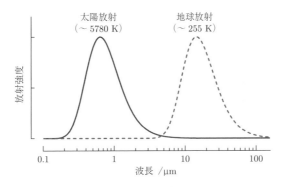

図 1.4　太陽と地球の放射スペクトル

化炭素の温室効果であることはよく知られている．

図 1.5 は光路長 $l = 10$ cm の吸収セルを用いて測定した空気の赤外吸収スペクトルであり，空気中の二酸化炭素(CO_2)と水蒸気(H_2O)の吸収が明瞭にみられる．分子振動の周波数は赤外光領域にあり，分子は共鳴する周波数の赤外光を吸収する．図中の「CO_2 ν_3(反対称伸縮振動)」などは共鳴している振動の形態(振動モード)を示している．CO_2 と H_2O の振動モードを図 1.6 および図 1.7 に示した．分子内の原子間には電荷の偏りがあり，分子振動は分子の双極子モーメントを変化させる．CO_2 の最も安定な構造(平衡構造)は直線構造であり，二つの C=O 結合長は等しいので，CO_2 は双極子モーメントをもたない．しかし，図 1.6 の反対称伸縮振動では正電荷の中心と負電荷の中心の位置にずれが生じ，双極子モーメントが発生するため，この振動と共鳴する周波数の電磁波と相互作用する．しかし，これらの振動モードのうち CO_2 の対称伸縮振動は，図 1.5 の赤外吸収スペクトルの中には見つからない．その理由は CO_2 の対称伸縮振動は「赤外不活性」であるためである．図 1.6 からわかるように対称伸縮振動では二つの C=O 結合は同位相で伸縮するために左右対称な構造を保ったまま振動する．この場合は双極子モーメントは常に 0 であり，この振動は電磁波と相互作用しない．図 1.5 の空気の赤外吸収には，空気の主成分である N_2 と O_2 は見つからない．これらの「等

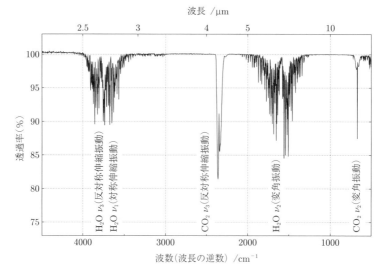

図 1.5　大気の赤外吸収スペクトル(光路長 10 cm，1 atm)

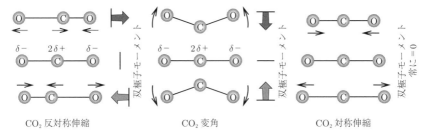

図 **1.6** CO₂ の振動モード

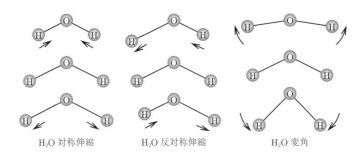

図 **1.7** H₂O の振動モード

核二原子分子」は双極子モーメントをもたず，振動によって変化することもないためである．

図 1.8 は温室効果気体の一つであるメタン (CH₄) の赤外吸収スペクトルを大気の赤外吸収スペクトルと比較したものである．CH₄ は H₂O や CO₂ の吸収のない，赤外の「大気の窓」領域に吸収を示す．代表的な温室効果気体である CO₂ の吸収帯では，わずか 10 cm の光路長でこれだけ大きな吸収を示しているので約 10 km の大気の厚みの中ではほぼ完全に吸収される．このため，現在よりも CO₂ が増加した場合に起こる温室効果よりも，CH₄ の増加による温室効果のほうが大きい．このように大気中の分子の吸収スペクトルの位置や形状は地球の熱収支に大きな影響を与える．

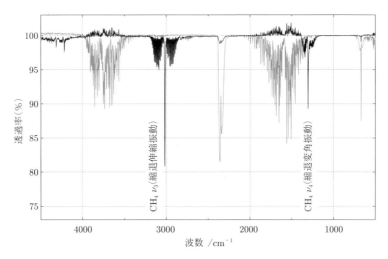

図 1.8　メタンと大気の赤外吸収スペクトル

1.2.2　波 長 領 域

　光の周波数が，分子中の電子や原子核の運動の周波数と共鳴したときに，分子による光吸収または発光が起こる．光の波長と対応する分子運動を表 1.1 にまとめる．一般に「遷移」は状態が変化することを意味するが，分子分光学では分子が量子状態(電子状態，振動状態など．詳細は後章で述べる)を変化することを**遷移**とよび，これに伴う光の吸収や発光を遷移とよぶことも多い．

表 1.1　光の波長領域と分子運動

	波長領域	主な遷移
紫　外	10～380 nm	電子遷移
可　視	380～780 nm	〃
赤　外	780 nm～300 μm	振動遷移～回転遷移
マイクロ波	300 μm～1 m	回転遷移

以下に典型的な遷移の例を順に紹介する．

例1（可視）

表1.1に示したように，一般に可視から紫外領域の光は，分子中の電子の運動の周波数に対応する．比較的わかりやすい例の一つが，ナトリウム(Na)原子のD線遷移であり，波長～589 nmの橙色の光である．トンネル内の照明に用いられるナトリウムランプの色がこれであり，また，よく知られたナトリウムの炎色反応の色である．この遷移は図1.9に示すように，Na原子の最外殻電子である3s軌道にある電子が3p軌道に励起される遷移である（[Ne]3s^1→[Ne]3s^{0}3p^1）．

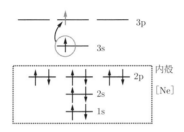

図 1.9　ナトリウム原子のD線遷移

例2（赤外/回転構造）

大気の赤外吸収で説明したように，分子の振動運動の周波数は，赤外領域の光に対応する．図1.8に示した3.3 μm（3000 cm^{-1}）の吸収はメタンのC-H結合の伸縮振動に相当するが，これを拡大したものが図1.10である．この吸収には細かい構造があり，ほぼ等間隔に並んだ吸収線が多数みられるが，これはメタンの回転運動が量子化されており，異なる回転の量子状態から吸収が起こるためである．振動運動では常温で励起状態はほとんど存在しないが，エネルギー間隔の小さい回転運動では常温でも複数の励起状態が存在しているため，このような吸収がみられる．

例3（マイクロ波）

電波天文学では，宇宙を可視光の望遠鏡ではなく，電波領域の電磁波によって観測する．たとえば，オリオン星雲に電波望遠鏡を向けると88 632 MHzのマイクロ波領域の強い電波が観測されるが，これは，HCN分子の回転量子数1と0の状態間の遷移である．この遷移がHCNであることは，地上におけるマイクロ波分光実験と，天体が地球から遠ざかっていることによるDoppler（ドップラー）

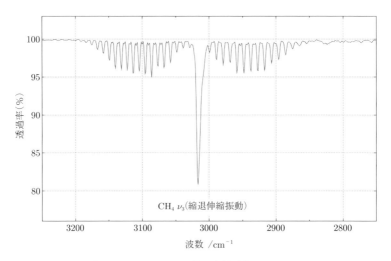

図 1.10　メタンの ν_3 帯の赤外吸収スペクトル

シフトを考慮して比較することで確認されている．

例 4（紫外と赤外）

オゾン(O_3)は大気中でさまざまな役割を果たしている．図 1.11 はオゾンの電子遷移(紫外吸収)スペクトルである．よく知られているように成層圏のオゾンはこの紫外吸収によって，生命に有害な紫外光を遮蔽している．一方で対流圏のオゾンは温室効果気体の一つである．図 1.12 にオゾンと大気の赤外吸収スペクトルを比較する．オゾンは大気の窓領域に吸収をもち，とくに地球の放射のピークに近い 9.5 μm (1050 cm^{-1}) に強い吸収を示すため，温室効果が高い．対流圏のオゾンの増加は，主に人為起源の炭化水素と窒素酸化物の光化学反応によるものである．オゾンはまた，都市大気汚染で発生する光化学スモッグ中のオキシダントの主成分でもある．

1.2.3　波長と周波数/波数/エネルギー

光はその波長 λ だけでなく，周波数 ν，波数 $\tilde{\nu}$ や光子エネルギー ε, E を用いて表される．代表的なものを表 1.2 にまとめる．分子分光学や赤外分光で好んで用いられる**波数**(cm^{-1})はエネルギーと線形な量であり，しばしばエネルギーの

1.2 波長領域と分子運動　17

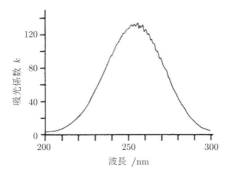

図 1.11 オゾンの紫外吸収スペクトル
吸光係数 k の単位は濃度の代わりに分圧を用いた $atm^{-1} cm^{-1}$ で 0℃換算，底は 10.
[H. Okabe, *Photochemistry of Small Molecules*, Wiley-Interscience, New York, **1978**, p. 239]

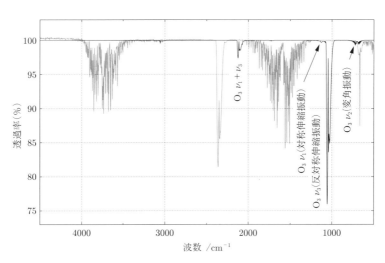

図 1.12 オゾンと大気の赤外吸収スペクトル

18   1　分子の光吸収と光放出

表 1.2　波長・周波数・波数・光子エネルギー

	記号	主な単位
波　長	λ	nm, μm[a]
周波数	ν	s^{-1}, Hz
波　数	$\tilde{\nu}$	cm^{-1}
光子エネルギー	$\varepsilon = h\nu$	J（＝J photon^{-1} あるいは J molecule^{-1}）, cm^{-1} [b]
	E	kJ mol^{-1}

a)　通常真空中，*b)*　cm^{-1} はエネルギーの単位として使われる.

単位としても用いられる.

　これらの量の関係を以下にまとめておく. ここで使われている物理定数は, 真空中の光速 $c_0 \equiv 299\,792\,458\,\mathrm{m\ s^{-1}}$, Avogadro 定数 $N_A = 6.0221 \times 10^{23}\,\mathrm{mol^{-1}}$, Planck（プランク）定数 $h = 6.6261 \times 10^{-34}\,\mathrm{J\ s}$ である.

$$\nu = \frac{c_0}{\lambda}, \quad \tilde{\nu} = \frac{1}{\lambda}, \quad \nu = c_0\tilde{\nu} \tag{1.2}$$

$$\varepsilon = h\nu = \frac{hc_0}{\lambda} = hc_0\tilde{\nu} \quad （1 粒子あたり） \tag{1.3}$$

$$E = N_A h\nu = \frac{N_A hc_0}{\lambda} = N_A hc_0\tilde{\nu} \quad （1 モルあたり） \tag{1.4}$$

2 二原子分子の振動

本章では,分子振動の基本について学ぶ.最も簡単な分子振動である二原子分子の振動を取り扱い,調和振動子近似とその量子力学に基づくエネルギー準位について理解する.また,電磁波と分子振動の相互作用で起こる赤外振動遷移と振動 Raman 散乱について概説する.

2.1 調和振動子近似

二原子分子の振動は,図 2.1 に示すような**調和振動子**近似,すなわち分子を理想的なばねでつながった原子(質点)と近似することで理解される.

図 **2.1** 調和振動子モデル

核間距離を r,平衡核間距離(最も安定な核間距離)を r_e とすると,振動座標は $x = r - r_e$ で表され,ポテンシャルエネルギーは次式で与えられる.ここで,k_f は**力の定数**である.

$$V(x) = \frac{1}{2} k_f x^2 \tag{2.1}$$

古典運動方程式は式(2.2)のようになる.ここで,μ は式(2.3)で表される**換算質量**であり m_1, m_2 は二つの原子の質量である.

$$\mu \frac{d^2 x}{dt^2} = -k_f x \tag{2.2}$$

$$\mu = \frac{m_1 m_2}{m_1 + m_2} \tag{2.3}$$

すなわち,二原子分子の振動運動は,質量 μ の単一粒子の式(2.1)で表されるポテンシャルエネルギー上の運動と等価である(図 2.2).

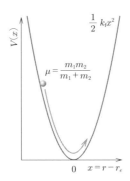

図 2.2 二原子分子の振動＝質量 μ の粒子の運動

2.1.1 振動数

運動方程式(2.2)はよく知られた振動解をもつが，ここで重要な結果はその振動の周波数(振動数)であり，次式で表される．

$$\nu = \frac{1}{2\pi}\left(\frac{k_\mathrm{f}}{\mu}\right)^{1/2} \tag{2.4}$$

振動数は力の定数の平方根に比例し，換算質量の平方根に反比例する．典型的な二原子分子の赤外吸収の波数と波長を表 2.1 に，力の定数と結合次数，結合解離エネルギーの関係を表 2.2 にまとめる．力の定数は，結合次数や結合解離エネルギーとおおまかな相関があることがわかる．

表 2.1 二原子分子の赤外吸収

	波数/cm^{-1}(波長/μm)
HCl	2886 (3.47)
NO	1876 (5.33)
CO	2143 (4.67)

表 2.2 二原子分子の力の定数 k_f，結合次数 n，結合解離エネルギー D

	k_f/N m^{-1}	n	D/kJ mol^{-1}
HBr	384	1	366
Cl$_2$	318	1	243
O$_2$	1139	2	498
NO	1548	2.5	632
CO	1855	3	1076
N$_2$	2241	3	945

2.1.2 分子振動の量子化

　分子程度の大きさの空間に束縛された，原子程度の質量の粒子の運動は量子力学に従う．分光学的手法で観測される分子スペクトルには，振動運動の量子化を示す例が多数存在する（図 2.3 および図 2.4）．図 2.3(a) は電子励起状態に励起された Cl_2 分子の発光スペクトルであるが，ほぼ等間隔に並んだピークがみられる．それぞれのピークは図 2.3(b) に下向きの矢印で示された，異なる振動状態への遷移に対応し，対応する振動状態の量子数が図 2.3(a) のピーク上部のスケールに示されている．このようなスペクトルは Cl_2 の電子基底状態の振動が量子化されていなければ説明できない．図 2.4(a) は気体の塩化水素（HCl）の赤外吸収スペクトルである．強いピーク (1-0) のほかに，弱い等間隔に並んだ吸収ピーク，(2-0)，(3-0)，… がみられる．これらは，振動の基底状態から，順に，第 1，第 2，第 3，… 励起状態への遷移に相当し，第 2 励起状態以降への遷移は振動周波数の 2 倍，3 倍，… となるため倍音バンドと呼ばれる（図 2.4(b) 参照）．この事実も振

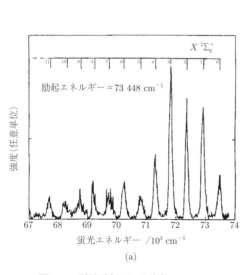
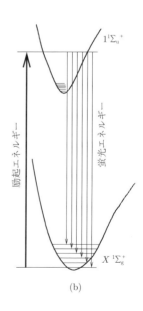

(a)　　　　　　　　　　　　　　(b)

図 **2.3**　電子励起 Cl_2 の発光
　　(a)　Cl_2 の発光スペクトル，(b)　発光に関係するエネルギー準位
　　[(a)　J. Wörner *et al.*, *Z. Phys.* **1988**, *D7*, 383]

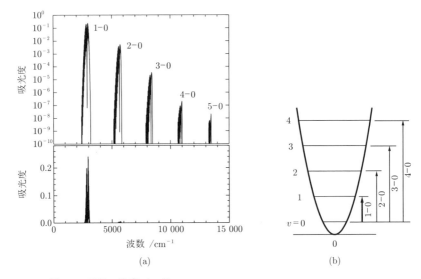

図 2.4 HClの倍音バンド
(a) 吸収スペクトル，(b) 吸収に関与する振動エネルギー準位

動状態が量子化されていることを示している．

2.1.3 振動エネルギー準位

量子力学によると，調和振動子のエネルギー準位 $G(v)$ は次式で与えられる．

$$G(v) = \left(v + \frac{1}{2}\right)h\nu, \quad v = 0, 1, 2, \cdots \tag{2.5}$$

ここで，v は振動量子数，ν は式(2.4)に示した古典振動周波数(振動数)，h は Planck 定数である．図 2.5 にエネルギー準位を調和振動のポテンシャルエネルギーとともに示した．前述のいくつかの例でもみたように，振動のエネルギー間隔は等間隔であり，前章でみた CO_2 や H_2O の赤外吸収は対応する振動の振動量子数が 0 から 1 への遷移に対応する．このことは，分子振動が共鳴する周波数の電磁波を吸収あるいは放出するという古典的な解釈と矛盾しない．

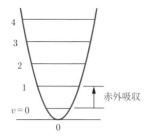

図 2.5 振動エネルギー準位

2.2 赤外振動遷移

　赤外(光学)遷移は双極子遷移であるといわれる．後述する Raman 散乱は分極率遷移であるといわれるが，Raman 散乱のような強い光の中で起こる現象ではなく，通常の弱い光の吸収や発光は**光学遷移**とよばれ，分子の双極子モーメントによって起こる．赤外光の周波数は分子振動に対応するため，分子の振動による双極子モーメントの変化は赤外光の光学遷移を引き起こす．その古典的な解釈を図 2.6 に示す．HCl のような異核二原子分子は二つの原子間に電子の偏りがあるため双極子モーメントをもっているが，分子振動による核間距離の変化により，双極子モーメントの大きさも変化する．分子は振動の周波数の光を放出するか，周波数の一致する光を吸収する．窒素(N_2)のような等核二原子分子は，原子間に電子の偏りがないため双極子モーメントをもたず，振動によって変化することもない．このため N_2 は赤外光と相互作用しない(赤外不活性)．

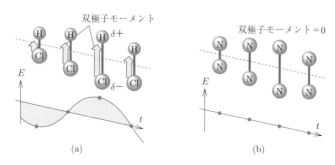

図 2.6 赤外振動光学遷移の古典的解釈
　　　 (a) 赤外活性な HCl の振動, (b) 不活性な N_2 の振動

2.2.1 遷移双極子モーメント

光学遷移(吸収・発光)の強度は**遷移双極子モーメント**に依存する．一般に状態 i(initial state；始状態)と f(final state；終状態)の間の遷移双極子モーメントは次式で表される．

$$\mu_{\mathrm{fi}} = \int \phi_{\mathrm{f}}^{*} \mu \phi_{\mathrm{i}} \mathrm{d}\tau \tag{2.6}$$

ここで，ϕ_{i}, ϕ_{f} は状態 i, f の波動関数であり，μ は双極子モーメント，τ は関係する分子運動の座標を一般的に表現している．具体的な例は以降で議論する．

2.2.2 赤外振動遷移

図 2.7 に示すように二つの原子に $\pm\delta q$ の電荷が局在していると考えると，二原子分子の双極子モーメントは次式で近似できる(ここの μ は双極子モーメントであり，式(2.3)の換算質量とは異なることに注意されたい)．

$$\mu = r\delta q = r_{\mathrm{e}}\delta q + x\delta q = \mu_{\mathrm{e}} + x\delta q \tag{2.7}$$

図 2.7 二原子分子の双極子モーメント

これを式(2.6)の μ に代入し，τ を二原子分子の振動座標 x に置き換えると，次式を得る．

$$\mu_{ji} = \left(\mu_{\mathrm{e}}\int \phi_j^* \phi_i \mathrm{d}x + \delta q \int \phi_j^* x \phi_i \mathrm{d}x\right) = \delta q \int \phi_j^* x \phi_i \mathrm{d}x \tag{2.8}$$

ϕ_i, ϕ_j は量子数 i, j の振動状態の波動関数であり，μ_{ji} はこの二つの状態間の遷移双極子モーメントである．調和振動子の波動関数は直交しているので，$i \neq j$ なら式(2.8)の最初の積分 $\int \phi_j^* \phi_i \mathrm{d}x$ は 0 となる．式(2.8)から，δq を除くと遷移の強さは積分 $\int \phi_j^* x \phi_i \mathrm{d}x$ の大きさに依存することがわかる．ここで議論する波動関数は振動運動の波動関数であり，量子化学で議論される電子の波動関数ではないこ

とに注意されたい．調和振動子のSchrödinger(シュレーディンガー)方程式は解析解が得られ，波動関数の形は図2.8のようになっている．振動量子数が偶数の状態の波動関数，$\psi_0, \psi_2, \cdots$はxの正負の反転に対して対称(偶関数)であり，量子数が奇数の状態の波動関数，$\psi_1, \psi_3, \cdots$は反対称(奇関数)になっている．

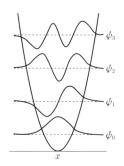

図 **2.8** 調和振動子の振動波動関数

この波動関数を使って，具体的なiとjについて積分$\int \psi_j^* x \psi_i \mathrm{d}x$がどのような値をとるかを見てみよう．$v$(振動量子数)$=1\leftrightarrow0$の遷移では，図2.9に示すように被積分関数が偶関数になるため，積分$\int \psi_j^* x \psi_i \mathrm{d}x$は明らかに0ではない．この振動遷移は許容である．すでに述べたように，多くの赤外吸収は$v=1\leftarrow0$の遷移に相当し，許容遷移である．

次に$v=2\leftrightarrow0$の遷移を見てみよう．図2.10に示すように被積分関数は奇関数

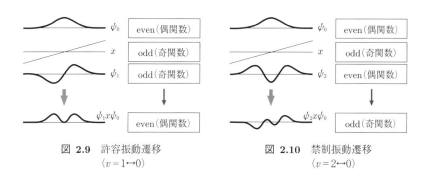

図 **2.9** 許容振動遷移
($v=1\leftrightarrow0$)

図 **2.10** 禁制振動遷移
($v=2\leftrightarrow0$)

になり，積分 $\int \phi_f^* x \psi_i \mathrm{d}x$ は 0 となる．このような遷移は禁制である．図 2.4 でみた塩化水素(HCl)の吸収では，弱いながらも $v = 2 \leftrightarrow 0$ 遷移が観測されているが，これは分子振動の非調和性に由来している．すなわち，実際のポテンシャルエネルギーには調和振動(式(2.1))からのずれがあるため，波動関数は完全な奇関数にならない．結果として遷移双極子モーメントの積分は，値は小さいが 0 ではなくなるのである．

2.2.3 選 択 則

以上のような遷移双極子モーメントの議論を整理することで，遷移が許容になる，始状態と終状態の量子数に関する条件が導かれる．これを**選択則**とよび，調和振動子では，次のようになる．

$$\Delta v = \pm 1 \tag{2.9}$$

上では，波動関数の偶奇のみから許容か禁制かを直観的に理解できる例を示したが，選択則のすべてが波動関数の偶奇のみから導かれるわけではなく，数学的な導出の結果として導かれたものである．

2.2.4 赤 外 活 性

式(2.8)の遷移双極子モーメントは，積分を評価する以前に $\delta q = 0$ であれば，0 であることがわかる．つまり，分子振動が赤外光と相互作用するためには $\delta q \neq 0$ でなければならない．このことを分子振動が**赤外活性**であるという．逆に $\delta q = 0$ であれば**赤外不活性**であるという．二原子分子では等核二原子分子以外の振動は赤外活性である．これはほとんど自明であるが，後述する多原子分子の振動では議論と考察が必要になるため，赤外活性となる条件を整理しておく．x を振動座標とすると次式のように表すことができる．

$$\frac{\mathrm{d}\mu}{\mathrm{d}x} \neq 0 \quad \text{なら赤外活性} \tag{2.10}$$

式(2.7)で双極子モーメントを近似できる二原子分子では $\dfrac{\mathrm{d}\mu}{\mathrm{d}x} = \delta q$ である．

2.3 振動 Raman 散乱

赤外(光学)遷移が双極子遷移であるのに対して，**Raman**(ラマン)散乱は**分極率遷移**であるといわれる．すなわち，光学遷移が分子のもつ双極子モーメントによって引き起こされるのに対して，Raman 散乱は分子の「分極率」によって引き起こされる．分極率について説明する前に，まず「Raman 散乱」とよばれる現象がどのような現象であるのかを見ておこう．光散乱は図 2.11 に示すように媒質にレーザー光などの指向性のよい光を照射することで，光が散乱される現象である．

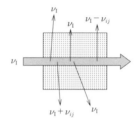

図 2.11 Raman 散乱

通常の散乱，つまり入射光と同じ周波数 ν_{I} の光の散乱は Rayleigh(レイリー)散乱とよばれるが，散乱光には入射光と異なる周波数のものが含まれる場合がある．これを Raman 散乱とよぶ．媒質中の分子の二つのエネルギー準位 i, j のエネルギー差に対応する周波数を ν_{ij} とすると，Raman 散乱には周波数 $\nu_{\mathrm{I}}-\nu_{ij}$ の **Stokes**(ストークス)光と周波数 $\nu_{\mathrm{I}}+\nu_{ij}$ の**反 Stokes 光**が含まれている．これは，強度の強い光が分極率を介して分子のエネルギー準位が相互作用した結果である．

$$\begin{aligned}
\nu_{\mathrm{scatter}}(散乱光周波数) &= \nu_{\mathrm{I}}(\text{Rayleigh 散乱}) \\
&= \nu_{\mathrm{I}} - \nu_{ij}(\text{Raman 散乱, Stokes 光}) \\
&= \nu_{\mathrm{I}} + \nu_{ij}(\text{Raman 散乱, 反 Stokes 光})
\end{aligned}$$

2.3.1 分 極 率

分極率 α は外部電場($\boldsymbol{E}$)によって分子に双極子モーメント($\boldsymbol{\mu}_{\mathrm{ind}}$)が誘起される割合と定義される(式(2.11)).

$$\boldsymbol{\mu}_{\mathrm{ind}} = \alpha \boldsymbol{E} \tag{2.11}$$

原子核と電子で構成される分子は,強い電場中では電子が正電場方向に,原子核が負の方向に引き寄せられるために,もともと双極子モーメントをもたない分子であっても,双極子モーメントが発生する.Raman 散乱は,強い光の電磁場によって分子に生じる誘起双極子によって起こる現象である.

2.3.2 振動 Raman 散乱の古典的解釈

振動 Raman 散乱の古典的な解釈を図 2.12 に示す.図 2.12(a)に示すように,分子の振動運動により電子雲の広がり方が変化するため,分極率は分子振動の周波数で変化する.図 2.12(b)に示すように,振動周波数よりもずっと大きな高周波の入射光(通常可視光)の強電場中の誘起双極子は電場に追随して変化するが,その大きさは分子振動によって振動周波数でゆっくりと変化する.その結果,図に示すように,高周波電磁波は振動周波数に対応する振幅の変調を受ける.この

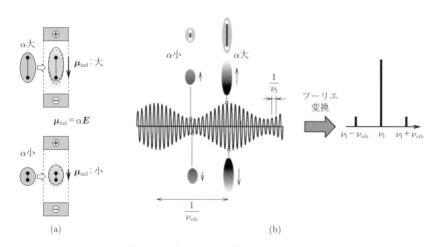

図 2.12 振動 Raman 散乱の古典的解釈

ような変調を受けた高周波信号はFourier(フーリエ)変換すると，入射光 ν_I のほかに，振動の周波数分だけシフトしたサイドバンド(図の $\nu_\mathrm{I}-\nu_\mathrm{vib}$ および $\nu_\mathrm{I}+\nu_\mathrm{vib}$)が出現する．低周波数側のサイドバンド($\nu_\mathrm{I}-\nu_\mathrm{vib}$)がRaman散乱のStokes光，高周波数側($\nu_\mathrm{I}+\nu_\mathrm{vib}$)が反Stokes光に相当する．

このような古典的な解釈ではStokes光と反Stokes光は常に同じ強度で現れなければならないが，現実には反Stokes光はStokes光より弱く，場合によってはほとんど観測されない．この事実は，量子論的には図 2.13 に示す分子の振動準位が散乱にかかわることから説明される．すなわち，分子の多くは低エネルギーの振動基底状態($v=0$)に存在しており，ほとんど分布していない励起状態($v=1$)からの遷移である反Stokes光はStokes光よりも弱い．

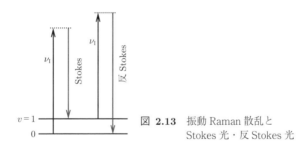

図 **2.13** 振動 Raman 散乱と Stokes 光・反 Stokes 光

2.3.3 散乱モーメント

光学遷移の強度が遷移双極子モーメントに依存したのと同様に，Raman散乱の強度は**散乱モーメント**に依存する．状態 i と f の間の散乱モーメントは次式で表される．

$$\alpha_\mathrm{fi}=\int \phi_\mathrm{f}^{*}\alpha\phi_\mathrm{i}\mathrm{d}\tau \tag{2.12}$$

遷移双極子モーメントの式(2.6)とよく似ているが，波動関数の間に挟む演算子が双極子モーメント μ から分極率 α に変わっている．これが双極子遷移と分極率遷移の違いである．

30   2　二原子分子の振動

2.3.4　振動 Raman 散乱

　分極率の大きさは分子の電子雲の広がりと見なすことができるので，二原子分子の分極率は，次式のように振動座標 $x = r - r_e$ に線形に変化すると近似できる．すなわち，分子が伸びると $(x > 0)$ 電子雲は大きくなるし，縮むと $(x < 0)$ 電子雲は小さくなる．

$$\alpha = \alpha_e + x\beta \tag{2.13}$$

これを式 (2.12) に代入すると，v(振動量子数) $= j \leftrightarrow i$ の Raman 散乱モーメントが得られる．ここに表れる積分は赤外振動遷移の場合と同じである．

$$\alpha_{ji} = \beta \int \phi_j^* x \psi_i \mathrm{d}x \tag{2.14}$$

2.3.5　選択則・Raman 活性

　式 (2.14) の積分は赤外振動遷移の場合と同じであるので，遷移が許容になる量子数に関する条件(選択則)は同じになる．

$$\Delta v = \pm 1 \tag{2.15}$$

赤外活性で議論したのと同様な条件(**Raman 活性**条件)が振動 Raman 散乱にも適用される．式 (2.14) の β は分極率 α の振動座標依存性であるので，一般に次式で表される．

$$\frac{\mathrm{d}\alpha}{\mathrm{d}x} \neq 0 \quad \text{なら Raman 活性} \tag{2.16}$$

二原子分子では，振動により電子雲の大きさは少なからず変化すると考えられるので，二原子分子の振動はすべて Raman 活性となる．これもほとんど自明であるが，後章で議論するように，多原子分子の振動では式 (2.16) から，不活性と考えられる場合がある．

3 二原子分子の回転

本章では，二原子分子の回転運動を取り扱う．剛体回転子の二次元回転の量子力学による取扱いとエネルギー準位・多重度について解説し，直線分子の回転運動と電磁波の相互作用の結果として観測される，純回転遷移と回転 Raman 散乱について述べる．

3.1 剛体回転子近似

本章では**剛体回転子**(＝固い棒でつながった原子)近似(図 3.1)を用いて分子回転を議論する．分子振動などによる核間距離の変化は小さく，剛体回転子近似は多くの基本的な議論には十分である．剛体の回転運動は**慣性モーメント**によって特徴づけられるが，二原子分子の慣性モーメント I は次式で与えられる．ここで μ は前章で述べた換算質量(式(2.3))，r は核間距離である．

$$I = \mu r^2 \tag{3.1}$$

二原子分子を含む直線分子は，分子軸(z 軸)周りの回転を回転運動と見なさないため，分子軸に直交する x, y 軸周りの回転自由度をもつ，**二次元回転子**である(図 3.2)．原子の周りを回転する電子などを取り扱う場合，平面内での回転を「二次元(空間内)の回転」，三次元空間内での回転を「三次元(空間内)の回転」とよぶことがあるが，この場合，本章で取り扱う二次元回転子は「三次元(空間内)の回転」に相当することに注意されたい．

図 3.1 剛体回転子近似

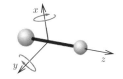

図 3.2 直線分子＝二次元回転子

3.1.1 エネルギー準位

前章(二原子分子の振動)でも述べたように,分子程度の大きさの空間に束縛された,原子程度の質量をもつ粒子の運動は量子力学に従い,分子回転の角運動量は量子化を受ける.二次元回転子のエネルギー準位 $F(J)$ は次式で与えられる.

$$F(J) = BJ(J+1), \quad J = 0, 1, 2, \cdots \tag{3.2}$$

ここで,J は回転量子数である.B は**回転定数**とよばれる定数であり,次式に示すように慣性モーメント I に反比例する.$\hbar = \dfrac{h}{2\pi}$,h は Planck 定数である.

$$B = \frac{\hbar^2}{2I} \quad (\text{エネルギー単位}) \tag{3.3}$$

$$B = \frac{\hbar}{4\pi c_0 I} \quad (\text{波数単位}) \tag{3.4}$$

式(3.2)の直線分子の回転エネルギー準位を図 3.3 に示す.振動と異なり,エネルギー間隔は回転量子数とともに増大し,J が大きくなるとエネルギーはおよそ J^2 に比例する.

3.1.2 回転波動関数と多重度

二次元回転子(直線分子の回転)の波動関数は,図 3.4 に示すような球面調和関数,すなわち水素原子軌道の角度成分と同じ関数で表される.回転量子数 $J=0$ の波動関数は s 軌道のような形状,$J=1$ の波動関数は p 軌道,$J=2$ の波動関数

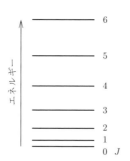

図 **3.3** 回転エネルギー準位(直線分子)

はd軌道のような形状をとる．p軌道はp_x，p_y，p_zの三つがあり，計6個の電子(s軌道の3倍)を収容できることと同様に，回転量子数$J=1$では3種類の波動関数をもつ状態が縮退している(同じエネルギーにある)．$J=2$の状態はd軌道が五つあるのと同様に，五重に縮退している．このように同じエネルギー固有値をもつ，異なるSchrödinger方程式の解の数，あるいは状態の数を**多重度**という．二次元回転子の多重度は次式で与えられる．

$$g_J = 2J+1 \tag{3.5}$$

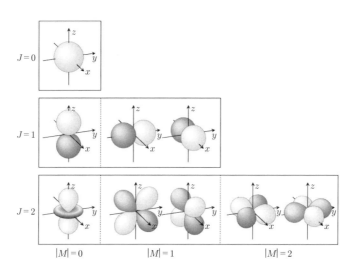

図 **3.4** 回転波動関数(二次元回転子)

3.2 純回転遷移

1章で述べたように，分子回転はマイクロ波領域の電磁波と共鳴しマイクロ波の吸収や放出が観測される．これを**純回転遷移**とよぶ．1章の図1.10でみたように，回転状態の分裂に由来するスペクトルの構造は，赤外振動遷移や電子遷移にもみられるため，回転状態のみの変化を「純」回転遷移とよんで区別する．純回転遷移は光学遷移＝双極子遷移であり，古典的には，図3.5に示すような電磁波と回転運動の相互作用であると理解される．双極子モーメントをもつ分子が回転することにより，ある座標(ここではz軸にとっている)方向の双極子モーメントの

成分は図に示すように振動する．電磁波は特定の方向に電場ベクトルをもつため，この双極子モーメント成分の振動と相互作用して，電磁波の吸収や放出が起こる．

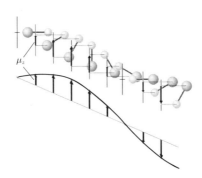

図 3.5 純回転遷移の古典的解釈

3.2.1 純回転遷移活性・選択則・遷移波数

前述の解釈から明らかなように，純回転遷移が起こるためには，分子は永久双極子モーメントをもたなければならない．すなわち，二原子分子の場合，等核二原子分子（N_2，O_2，など）は純回転遷移不活性であり，それ以外（異核二原子分子）は活性である．

回転運動による双極子モーメントの変化と回転波動関数から，赤外振動遷移の場合と同様に純回転遷移双極子モーメントを計算することができる．遷移が許容となる量子数変化の条件を整理すると，次の選択則が得られる．

$$\Delta J = \pm 1 \tag{3.6}$$

前章の調和振動子ではエネルギー準位が等間隔であるため，すべての準位からの許容遷移は同じ周波数（振動数）に観測されるが，二次元回転子ではエネルギー準位の式(3.2)と選択則(式(3.6))から，許容遷移（$J+1 \leftrightarrow J$）の波数は次式で与えられる．

$$\tilde{\nu}_{J+1,J} = 2B(J+1) \tag{3.7}$$

すなわち，下の状態（または上の状態）の量子数 J が一つ変化すると，遷移波数は $2B$ だけ変化する．回転エネルギー間隔は振動のそれよりも小さく，常温の熱平

衡においても複数の状態が存在しているため，吸収スペクトルは複数の回転状態からの吸収が間隔 $2B$ で観測されることになる．一酸化炭素(CO)の常温における吸収スペクトルの例を図 3.6 に示す．複数の回転線が等間隔 $2B$ で観測されていることがわかる．

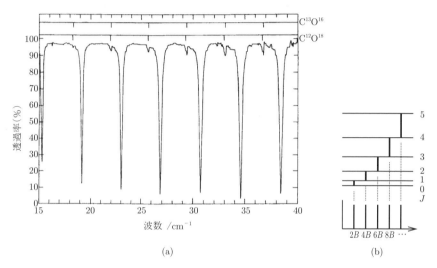

図 3.6　$J=4 \leftarrow 3\,(15.38\,\mathrm{cm}^{-1})$ から $J=10 \leftarrow 9\,(38.41\,\mathrm{cm}^{-1})$ までの一酸化炭素の純回転遷移 (a)とエネルギー準位(b)
[P. F. Bernath, *Spectra of Atoms and Molecules*, Oxford University Press, **1995**, p. 172]

3.3　回転 Raman 散乱

振動運動が赤外遷移と振動 Raman 散乱を起こすように，回転運動も純回転遷移と，**回転 Raman 散乱**を起こす．分極率遷移である回転 Raman 散乱は分子の回転運動によって分子の分極率が変化することに由来する．図 3.7 に示すように，分極率は分子の電場に対する向きによって異なり，電子雲がより広がっている分子軸方向の分極が大きい．したがって，この図の横方向の分極率の，分子の回転角依存性を考えると図 3.8 のようになると予想され，式(3.8)で近似することができる．分極率は分子が右向きでも左向きでも同じと考えられるので，分子の1回転によって分極率は2周期変化することに注意されたい．すなわち，式(3.8)

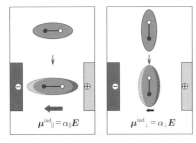
図 3.7 分極率の異方性

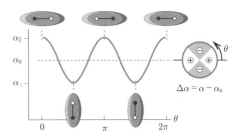
図 3.8 分極率の回転角による変化

では回転角 θ に対して $\cos 2\theta$ の変化をしている.

$$\alpha(\theta)=\alpha_0+\frac{\alpha_\parallel-\alpha_\perp}{2}\cos 2\theta \tag{3.8}$$

　回転 Raman 散乱の古典的な解釈を図 3.9 に示す. 電磁波は, 特定の空間座標方向に電場ベクトルをもち, この方向に分子を分極させる. 分子の特定の空間座標方向の分極率は分子の回転角に対して式(3.8)のような変化をするため, 入射電磁波(ν_I)には回転周波数の 2 倍の周波数の変調がかかる. 振動 Raman の場合と同様に, この変調信号の Fourier(フーリエ)変換には, 回転周波数の 2 倍の周波数だけシフトしたサイドバンドが両側に現れる. これが回転 Raman 散乱の Stokes(ストークス)光($\nu_\mathrm{I}-2\nu_\mathrm{rot}$)と反 Stokes 光($\nu_\mathrm{I}+2\nu_\mathrm{rot}$)に対応する.

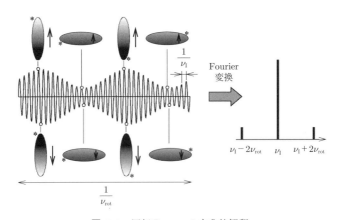
図 3.9 回転 Raman の古典的解釈

3.3.1 回転 Raman 活性・選択則・遷移波数

前述の議論から明らかなように，分子の分極率に異方性がある場合(つまり分子の向きによって分極率が異なる場合)，回転 Raman は活性となる．したがって，分子軸方向に電子雲が広がっていると考えられる二原子分子はすべて，回転 Raman 活性である．振動の場合と同様に，分極率の回転角依存性と回転波動関数から，散乱モーメントを計算することができ，その結果，次の選択則が得られる．

$$\Delta J = 0, \pm 2 \quad (3.9)$$

回転 Raman 散乱では，振動や純回転遷移と異なり，分子回転の2倍の周波数で電磁波と相互作用するために，選択則も異なっていることに注意されたい．この結果，観測される Raman シフトの波数も純回転遷移の波数と異なり，$J+2 \leftrightarrow J$ の遷移に対して次式で与えられる．

$$\tilde{\nu}_{J+2,J} = 2B(2J+3) \quad (3.10)$$

すなわち，回転 Raman スペクトルは，間隔 $4B$ で観測されることになる．実際に観測された $^{15}N_2$ の回転 Raman スペクトルを図3.10(a)に，関与するエネルギー準位を図3.10(b)に示す．等間隔($4B$)で回転線が観測されている．詳細は省

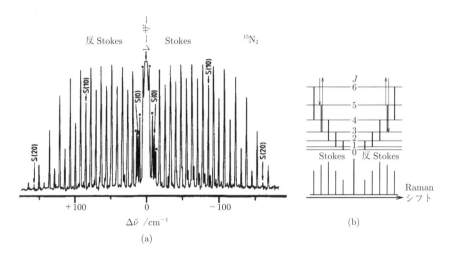

図 3.10 (a) $^{15}N_2$ の回転 Raman スペクトルと，(b) N_2 の回転エネルギー準位
[P. F. Bernath, *Spectra of Atoms and Molecules*, Oxford University Press, **1995**, p.293]

略するが，等核二原子分子では，核スピン状態によってとり得る回転量子数が異なるために，回転量子数の偶奇によって回転線強度が異なっている．

4 多原子分子の振動と回転

本章では，2章，3章(二原子分子の振動と回転)の議論の発展として，多原子分子の振動と回転について基本事項を解説する．多原子分子の運動や分子スペクトルに関しては多岐にわたる詳細な議論があるが，本書ではこれを網羅することは意図していない．必要に応じて専門書を参照されたい．

4.1 多原子分子の振動

多原子分子の振動は，**基準振動**とよばれる振動に分解することで，独立な調和振動子の集まりであると近似することができる．この場合は個々の基準振動については二原子分子の振動と同様な議論が成立する．

4.1.1 振動子数と基準振動

n_{atom} 個の原子からなる分子は，次に示す数の振動子をもつ．

$$m_{osc} = 3n_{atom} - 6 (非直線分子) \tag{4.1a}$$
$$m_{osc} = 3n_{atom} - 5 (直線分子) \tag{4.1b}$$

3次元空間中の全自由度 $3n_{atom}$ から，分子全体の並進の自由度3，回転の自由度3または2，を引いたものが振動の自由度である．3章で述べたように直線分子は二次元回転子であるが，非直線分子は3軸周りの回転自由度をもつ三次元回転子である．

実例を見てみよう．図 4.1(a) に H_2O の $3 \times 3 - 6 = 3$ 個の基準振動を示す．伸縮振動は，数の上では左右二つの O-H 結合の伸縮，と考えてもよいが，互いに干渉しない振動座標を選ぶと，図に示したような**対称伸縮**と**反対称伸縮**になる．これが基準振動である．図 4.1(b) は CO_2 の $3 \times 3 - 5 = 4$ 個の基準振動である．H_2O と同様な理由で二つの C=O 結合の伸縮振動は，対称伸縮と反対称伸縮が基準振動になる．H_2O と同様に**変角振動**を一つと数えると，振動子の数が足りなくなるように思うかもしれない．しかし，変角振動は図示した面内の変角と面外への変角の二つの自由度をもつ縮退振動になっているので，自由度は 2 となる．

- 39 -

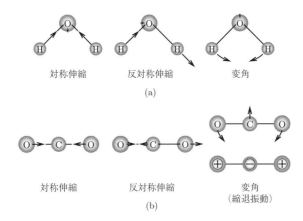

図 4.1 振動子の数と基準振動
(a) H_2O, (b) CO_2

4.1.2 赤外吸収スペクトル

水蒸気と二酸化炭素の赤外吸収はすでに1章で紹介した．より複雑な分子の例として2-メチルプロペン(イソブテン)の赤外吸収スペクトルを図4.2に示す．分

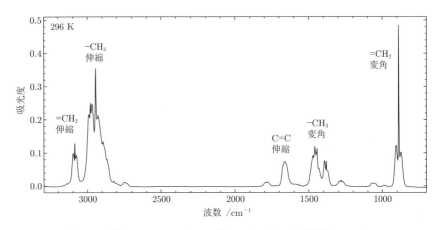

図 4.2 気体の2-メチルプロペン(イソブテン)の赤外吸収スペクトル

4.1 多原子分子の振動　　41

表 4.1　代表的な結合の振動数

結　合	振動数 /cm^{-1}
C–H（伸縮）	～3000
C–C（伸縮）	～900
C=C（伸縮）	～1650
C–C–H（変角）	～1000
H–C–H（変角）	～1450

子内の結合や原子団を反映した特徴的な吸収が観測される．表 4.1 に炭化水素で
観測される特徴的な原子団や結合の吸収波数を示す．

4.1.3　選択則と赤外活性・Raman 活性

　個々の基準振動は独立した調和振動子と見なせるため，赤外振動遷移と振動
Raman 散乱の選択則は二原子分子と同様に次式で与えられる．ここで，v_i は i
番目の振動モードの振動量子数である．

$$\Delta v_i = \pm 1 \qquad\qquad (4.2)$$

　赤外活性・不活性はその振動が永久双極子を変化させるかどうかで決まる．振
動座標を x としたとき $\dfrac{\mathrm{d}\mu}{\mathrm{d}x} \neq 0$ なら赤外活性である．μ はどの方向の双極子モー
メントでもよく，いずれかの方向の μ が振動の周波数で変化すれば赤外活性で
ある．図 4.3 に二酸化炭素（CO_2）の例を示す．対称伸縮振動では二つの C–O 結合
が同期して伸縮するために，電荷の偏りは発生せず，双極子モーメントは常に 0
である．したがって赤外不活性である．反対称伸縮振動では二つの C–O 結合が
逆位相で伸縮し，図に示したような分子軸方向の双極子モーメントが発生するの
で赤外活性となる．変角振動では分子軸に垂直な方向に双極子モーメントが発生
するのでやはり活性である．

　Raman 活性・不活性は振動が分極率 α を変化させるかどうかで決まる．α の
大きさは電子雲の広がり方に依存する．α が変化するようにみえても平衡位置 x_e
における一階微分が 0 になる場合は不活性である．すなわち $\left. \dfrac{\mathrm{d}\alpha}{\mathrm{d}x} \right|_{x_e} \neq 0$ でなけれ
ばならない．図 4.4 に CO_2 の例を示す．対称伸縮振動は分子全体が大きくなった

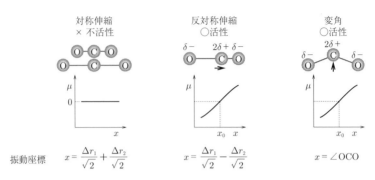

図 4.3　二酸化炭素の振動モードの赤外活性（x_0 は平衡構造に対応する）

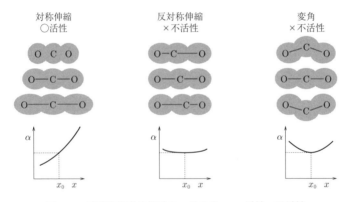

図 4.4　二酸化炭素の振動モードの Raman 活性・不活性
（x_0 は平衡構造に対応する）

り小さくなったりするので分極率が変化し Raman 活性である．反対称伸縮と変角振動は電子雲の大きさに変化を与えているようにみえるかもしれないが，平衡位置の両側で同じ構造をとっているので，分極率は図中に模式的に示したように変化する．このため平衡位置における一階微分は 0 であり，ラマン不活性である．

　もう一つ，注意が必要なのは，分子は電場ベクトルに対して任意の向きをとり得るので，分極率 α の変化は分子のどの方向でもかまわないことである．H_2O の例を図 4.5 に示す．対称伸縮振動はいうまでもなく Raman 活性である．反対

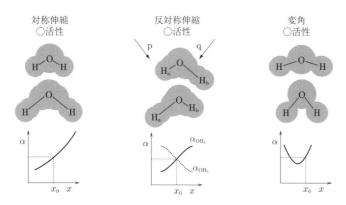

図 4.5 H_2O の振動モードの Raman 活性・不活性 (x_0 は平衡構造に対応する)

表 4.2 CO_2, N_2, HCl, H_2O の赤外活性と Raman 活性

物質(振動)	赤外	Raman
CO_2 ν_1(対称伸縮)	×	○
CO_2 ν_2(変角)	○	×
CO_2 ν_3(反対称伸縮)	○	×
N_2	×	○
HCl	○	○
H_2O ν_1(対称伸縮)	○	○
H_2O ν_3(反対称伸縮)	○	○

称伸縮は CO_2 の反対称伸縮と同じで不活性だと思うかもしれないが,今度は分子をどの方向から見るかで話が違う.分子を図の正面や上方から見た場合には CO_2 と同じであるが,図の p あるいは q の方向から分子を見ると,電子雲の広がり方は,振動によって非対称に変化する.したがってこの振動は Raman 活性である.変角振動は CO_2 の場合と異なり活性となる.結合角に対する分極率の変化は同様であるが,平衡位置が直線構造ではないので,平衡位置での一階微分は 0 ではなくなるためである.

表 4.2 に典型的な分子の赤外活性と Raman 活性をまとめる.

4.2 多原子分子の回転

多原子分子の回転は直線分子を除いて**三次元回転子**であり，三つの慣性モーメントで特徴づけられる．

4.2.1 慣性モーメント

慣性モーメントはその定義に従い，次式で計算される(図4.6参照)．

$$I = \sum_i m_i r_i^2 \tag{4.3}$$

ここで，m_i は原子 i の質量，r_i は原子 i と回転軸の距離である．厳密な定義は割愛するが，回転軸は分子の重心を通り回転によって「ぶれない」ような軸として定義される．

図 4.6 慣性モーメント

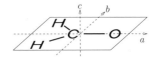

図 4.7 H_2CO の回転軸

回転軸は慣性モーメントの小さい順に a 軸，b 軸，c 軸とよび，対応する慣性モーメントを I_a, I_b, I_c とよぶ．すなわち $I_a \leq I_b \leq I_c$ である．図4.7に例としてホルムアルデヒド(H_2CO)分子の回転軸を示す．

それぞれの回転軸に対応する**回転定数**は A, B, C で表し，式(3.3)および式(3.4)と基本的に同じ，次式で表される．

$$A = \frac{\hbar^2}{2I_a}, \quad B = \frac{\hbar^2}{2I_b}, \quad C = \frac{\hbar^2}{2I_c} \quad \text{[エネルギー単位]} \tag{4.4}$$

$$A = \frac{\hbar}{4\pi c_0 I_a}, \cdots \quad \text{[波数単位]} \tag{4.5}$$

4.2.2 エネルギー準位

エネルギー準位の式は回転子の対称性によって異なる．CO_2 などの直線分子

は，二原子分子と同じであり，式(3.2)で表される．

a. 対称コマ

三つのうち二つの慣性モーメントが等しい回転子(分子)を対称コマという．その形状を模式的に図4.8に示す．CH_3F，C_2H_6など$I_a<I_b=I_c$である回転子を偏長対称コマとよび，C_6H_6，CH_3など$I_a=I_b<I_c$である回転子は偏平対称コマとよばれる．

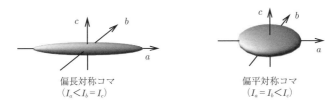

偏長対称コマ
($I_a<I_b=I_c$)

偏平対称コマ
($I_a=I_b<I_c$)

図 **4.8** 対称コマ

偏長対称コマのエネルギー準位は次式で与えられる．
$$F(J,K)=BJ(J+1)+(A-B)K^2 \tag{4.6}$$
$$J=0,1,2,\cdots \quad K=0,\pm1,\pm2,\cdots,\pm J$$
各準位の縮重度は$2J+1$である．偏平対称コマのエネルギー準位は式(4.6)のAをCに置き換えた式で表される．

b. 球コマ

最も対称性のよい特殊なケースとして，CH_4，SF_6などの球コマ($I_a=I_b=I_c$)があり，そのエネルギー準位は次式で与えられる．
$$F(J)=BJ(J+1) \tag{4.7}$$
$$J=0,1,2,\cdots \quad 縮重度=(2J+1)^2$$

c. 非対称コマ

前述のいずれにも該当しないものは非対称コマ($I_a<I_b<I_c$)とよばれる．エネルギー準位は複雑になるので，本書では割愛する．

46   4 多原子分子の振動と回転

4.2.3 純回転遷移・回転 Raman

3章(二原子分子の回転)で議論したように,分子が永久双極子モーメントをも
つ場合,純回転遷移は活性となる.一方,分子の分極率に分子の1回転によって
2周期変化するような異方性がある場合,回転 Raman 散乱は活性となる.代表
的な分子の純回転遷移と回転 Raman 散乱の活性・不活性を表4.3にまとめる.

表 4.3 純回転遷移と回転 Raman の
活性・不活性

物質	純回転遷移	回転 Raman
N_2	×	◯
HCl	◯	◯
CH_4	×	×
CH_3	×	◯

5 電子遷移

　分子または原子の電子状態の変化と，それに伴う光吸収・発光を電子遷移という．電子状態とは，基本的には分子(原子)軌道への電子の配置であると考えてよい．1章でも紹介したが，ナトリウム(Na)原子のD線遷移(図5.1)はNa原子の電子基底状態(電子配置[Ne]3s^1)と電子励起状態(電子配置[Ne]3s^{0}3p^1)の間の遷移であり，波長は589 nm(橙色)である．ナトリウムランプでは放電によって，炎色反応では燃焼の発熱反応によって，励起Na原子が生成し，励起状態から基底状態への発光がみられる．

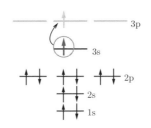

図 5.1　Na-D線の電子遷移

　電子遷移を理解することは，電子状態を理解することでもあり，本章では電子状態の基本事項と，原子と比較的小さな分子の電子状態について説明する．

5.1　電子スピン

　電子の回転運動は2種類あり，図5.2に模式的に示すように，電子の自転の角

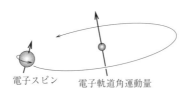

図 5.2　電子スピンと電子軌道角運動量

48   5 電 子 遷 移

運動量が**電子スピン**である．電子の原子核の周りの公転に対応する電子軌道角運動量については次節で述べる．

　分子(原子)がとり得る**スピン量子数**を次式で示す．

$$s(電子1個のスピン量子数) = \frac{1}{2} \tag{5.1}$$

$$S(分子全体のスピン量子数) = 0, \frac{1}{2}, 1, \frac{3}{2}, \cdots \tag{5.2}$$

電子1個のスピン量子数は $\frac{1}{2}$ であるが，分子(原子)全体のスピン量子数 S はすべての電子のスピンのベクトル和である．Pauli(パウリ)の排他原理により一つの分子(原子)軌道にはスピンが反平行な電子が二つのみ収容される．したがって分子全体のスピン量子数 S には不対電子のみが寄与する．**スピン多重度**は次式で表される．

$$スピン多重度 = 2S+1 \tag{5.3}$$

電子スピンは磁気モーメントをもつため，通常は縮退しているエネルギー状態が磁場中では $2S+1$ 個に分裂して観測されることが知られている．表 5.1 に分子(原子)の典型的なスピン状態をまとめた．状態はスピン多重度を用いて**一重項**，**二重項**，**三重項**，…とよばれる．ほとんどの安定分子は閉殻分子であるので，基底状態は一重項，すなわち $S=0$ の状態である．すべての電子は分子軌道中で反平行対をつくっている．二重項は不対電子を一つもつ分子(ラジカル)の基底状態

表 **5.1**　スピン多重度

	一重項	二重項	三重項
不対電子数	0	1	2
S：スピン量子数	0	$\frac{1}{2}$	1
M_S：S の z 軸射影 （磁場中で分裂）	0	$-\frac{1}{2}$ $+\frac{1}{2}$	-1 0 $+1$
$2S+1$：スピン多重度	1	2	3
例	He, H_2, CH_4, CH_2O(S_0基底状態)	NO, CH_3(ラジカル)	O_2, CH_2O(T_1励起状態)

である．NO および NO_2 は電子の総数が奇数であるために二重項状態であるが，単離できる比較的安定な気体であることが知られている．ただしこれらは，きわめてまれな例である．そのほか，電子の総数が奇数になる，多くのラジカルは二重項状態をとる．電子の総数が偶数であるにもかかわらず，二つの電子が平行スピンをとって，別の軌道に収容されている状態が三重項状態である．最も身近な気体の一つである酸素(O_2)の基底状態は三重項である．このために O_2 はしばしばビラジカルであるといわれる．これもまれな例である．そのほか，多くの有機分子などでは三重項の励起状態が存在することが知られている．

5.2 電子軌道角運動量

図 5.2 で示したように，電子の(分子軌道中の)公転の角運動量を**電子軌道角運動量**という．原子や分子は軌道角運動量量子数の違いによって，さまざまな電子状態をとる．

5.2.1 原　子

原子軌道は，そこに収容される電子のもつ**軌道角運動量量子数**(**方位量子数**ともよばれる)によって分類される．原子軌道の角運動量量子数は次のような値をとる．

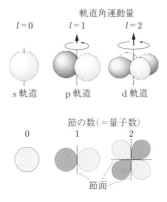

図 **5.3** 原子軌道と角運動量量子数

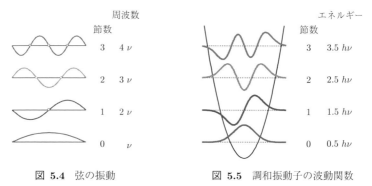

図 5.4　弦の振動　　　　図 5.5　調和振動子の波動関数

$$l(\text{原子軌道の角運動量量子数}) = 0, 1, 2, 3, \cdots \tag{5.4}$$

よく知られているように $l = 0, 1, 2, 3, \cdots$ の軌道は順に s 軌道，p 軌道，d 軌道，f 軌道，…とよばれる．軌道角運動量は図 5.3 に示すようなベクトルであり，その大きさは軌道のもつ節の数で決まる．$l = 0, 1, 2, \cdots$ と量子数が大きくなることは，古典的には速く電子が回転していることに対応する．このことは図 5.4 に示す弦の振動と似ている．弦の基準音は両端のみが節になる振動であるが，1 オクターブ高い 2 倍音は節が一つ，1 オクターブ＋(純正)完全 5 度の 3 倍音は節が二つ，2 オクターブ高い 4 倍音は節が三つある．電子の場合は運動の周波数(振動数，ν)が高いことは，エネルギー($h\nu$)が高いことを意味している．また図 5.5 に示す分子振動(調和振動子)の波動関数も同様であることに気がつくだろう．

多電子原子では，個々の電子の各運動量子数はよい量子数ではなく，それらのベクトル和 L のみがよい量子数になる．

$$L(\text{原子全体の角運動量量子数}) = 0, 1, 2, \cdots \tag{5.5}$$

$L = 0, 1, 2, 3, \cdots$ の状態は順に S 状態，P 状態，D 状態，F 状態，…とよばれる．電子スピンと同様に，同じ軌道に入っている電子の軌道角運動量のベクトル和は 0 となるので，L には不対電子のみ寄与する．電子状態の軌道角運動量に由来する多重度は以下のようになる．

$$g_L = 2L + 1 \tag{5.6}$$

二次元回転子の多重度，スピン多重度も同様な式で表された．二次元の自由度をもつ角運動量については同じ式が成立している．原子の電子状態の，スピンを含む多重度は次式で表される．

$$g_e = (2S+1)(2L+1) \tag{5.7}$$

原子の電子状態は，左肩にスピン多重度$(2S+1)$を付した，角運動量量子数で決まるシンボル，$[L]$＝S, P, D, F, $\cdots$（$L = 0, 1, 2, 3, \cdots$ に対して），すなわち

$$^{2S+1}[L]$$

で表記する．具体例を表5.2に示す．Na原子の基底状態では3s軌道に一つ電子が入っている．他の電子はすべて対をなしているので，S（スピン量子数）やL（軌道角運動量量子数）には寄与しない．不対電子が一つなので$S = \frac{1}{2}$であり，スピン多重度は$2S+1 = 2$である．軌道角運動量は角運動量量子数が0のs軌道に不対電子が入っているので，$L = 0$すなわちS状態である．したがって，電子状態を表す記号は^{2}Sになり，doublet-S(es)と読む．二重項のS状態である．ハロゲン原子であるFの基底状態は$2s^2 2p^5$の電子配置をとる．不対電子は一つでp軌道に入っているから$S = \frac{1}{2}$，スピン多重度$2S+1 = 2$であり，$L = 1$なのでP状態である．電子状態（**スペクトル項**ともよばれる）は^{2}P(doublet-P，二重項のP状態)となる．

表 5.2 原子の電子状態（スペクトル項）

	Na	F
電子配置	[Ne]3s^1	[He]$2s^2 2p^5$
	3s ╫	2p ╫ ╫ ╪
$2S+1$	2	2
L	0(s軌道に1)	1(p軌道に1)
電子状態	^{2}S(doublet-S)	^{2}P(doublet-P)
（スペクトル項）	二重項のS状態	二重項のP状態

5.2.2 直線分子・結合

直線分子の分子軌道のよい量子数は，電子軌道角運動量の分子軸への射影成分，すなわち分子軸周りの電子軌道角運動量である．一電子軌道角運動量は次式のような値をとる．

$$\lambda（一電子軌道角運動量の分子軸への射影）= 0, 1, 2, \cdots \tag{5.8}$$

原子軌道では$l = 0, 1, 2, \cdots$の軌道を順にs, p, d, $\cdots$軌道とよんだのと同様に，直線分子では$\lambda = 0, 1, 2, \cdots$の軌道を順にσ軌道，π軌道，δ軌道，$\cdots$とよぶ．例を図

5.6 に示す．σ軌道は分子軸周りの角運動量が0であり，波動関数を分子軸方向から見たときの節の数が0である．πおよびδ軌道では原子軌道のp，d軌道と同様に節の数が順に1，2である．波動関数を分子軸方向から見たときに見えない節面は軌道角運動量の分子軸への射影には無関係である．

分子の電子状態は個々の電子の軌道角運動量のベクトル和の分子軸への射影

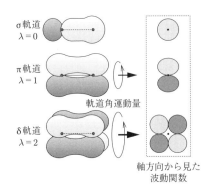

図 5.6 電子軌道角運動量の分子軸への射影と分子軌道

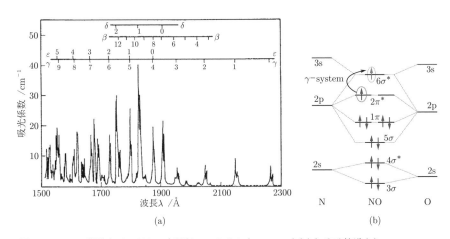

図 5.7 NO の紫外(150～230 nm)吸収スペクトル(γ-system)(a)と分子軌道(b)
[H. Okabe, *Photochemistry of Small Molecules*, Wiley-Interscience, New York, **1978**, p. 171]

Λ によって決まる.

$$\Lambda(全電子軌道角運動量の分子軸への射影) = 0, 1, 2, \cdots \tag{5.9}$$

原子では $L = 0, 1, 2, \cdots$ の状態を $S, P, D, \cdots$ 軌道とよんだように,直線分子では $\Lambda = 0, 1, 2, \cdots$ の状態を Σ 状態,Π 状態,Δ 状態,$\cdots$ とよぶ.原子の場合と同様に軌道にスピンの対をなして収容されている電子は Λ には寄与しないので,不対電子のみを考えればよい.原子の場合,軌道角運動量は 2 次元の自由度をもっていたが,直線分子では分子軸周りの角運動量のみがよい量子数となるため,多重度は以下のようになる.

$$g_\Lambda = 2 (\Lambda > 0), \quad 1 (\Lambda = 0) \tag{5.10}$$

電子遷移の例として,図 5.7 に NO の γ-system $[\mathrm{A}\,^2\Sigma^+ - \mathrm{X}\,^2\Pi]\,(\sigma^* \leftarrow \pi^*)$ の吸収スペクトルを示す.電子の数は奇数であり,不対電子は 1 個であるので,基底状態も励起状態もスピン多重度が 2 の二重項状態である.基底状態は不対電子が 2π 軌道に入っているので $^2\Pi$ 状態であり,励起状態は不対電子が 6σ 軌道に入っているので $^2\Sigma$ 状態である.

第2部　分子統計熱力学

　熱平衡状態の分子集団のエネルギー分布は Boltzmann（ボルツマン）分布に従う．第2部（6～8章）では，この分布が実際の熱平衡状態の分子スペクトルから見てとれることを確認し，化学平衡に至るまでのすべての平衡状態が，Boltzmann 分布から導かれることを理解する．また，熱力学関数が分子のエネルギー状態と多重度から分配関数を使って導かれることを示す．

6 熱平衡状態

本章ではまず,分子統計熱力学の出発点である Boltzmann 分布則とエネルギー準位・多重度の関係を解説する.そして,Boltzmann 分布から導かれる分配関数が,準位の集合の存在確率であり,これを用いることで化学平衡に至るまでのすべての平衡状態が記述できることを理解する.

6.1 微視的平衡

6.1.1 Boltzmann 分布

絶対温度 T の熱平衡状態において,分子をある状態 i に見出す確率は $\exp\left(-\dfrac{\varepsilon_i}{k_\mathrm{B}T}\right)$ に比例する(図 6.1).これを **Boltzmann 分布則**という.ここで,k_B は Boltzmann 定数であり,ε_i は状態 i のエネルギーである.0 章でも述べたように,k_B は気体定数 R を Avogadro 定数 N_A で割ったものであり,上の指数関数は $\exp\left(-\dfrac{E_i}{RT}\right)$ と書いてもよい.この場合 E_i は状態 i のエネルギーを 1 モルあたりのエネルギー(たとえば 5 kJ mol^{-1})で表したものである.6~8 章の議論では Boltzmann 分布を出発点として熱力学関数の分子統計力学的な表現を導

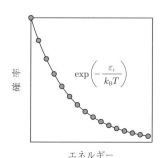

図 **6.1** Boltzmann 分布(縮退のない場合)

58   6 熱平衡状態

出する．Boltzmann 分布則は統計力学的に導出されるが，その数学的な導出(7.2
節)を行う前に，本章では実例をもとに Boltzmann 分布則を見てみる．

図 6.1 で「縮退のない場合」と断ったように，上の Boltzmann 分布の表現は正確
ではない．状態 i の多重度 g_i を考慮すると，状態 i にある分子数 n_i は次式のよ
うに表現される．

$$n_i \propto g_i \exp\left(-\frac{\varepsilon_i}{k_\mathrm{B} T}\right) \tag{6.1}$$

これを，分布関数として規格化した表現に直すと，次式のようになる．

$$\frac{n_i}{N} = \frac{g_i \exp\left(-\dfrac{\varepsilon_i}{k_\mathrm{B} T}\right)}{q} \tag{6.2}$$

ここで，$N = \sum_i n_i$(総分子数)であり，q は次式で表される**分配関数**である．

$$q = \sum_i g_i \exp\left(-\frac{\varepsilon_i}{k_\mathrm{B} T}\right) \qquad [\text{分配関数}] \tag{6.3}$$

分配関数は，ここでは分布の規格化定数以上のものではないが，同じ関数は以降
の議論で重要な意味をもつことになる．

6.1.2 多 重 度

分子運動の Schrödinger 方程式の，同じエネルギー固有値をもつ異なる解の数
を**多重度**(あるいは縮重度・縮退数など)という．このことの統計力学的な意味は
大きい．多重度 3 の状態は多重度 1 の状態に比較して 3 倍存在しやすいのであ
る．ここで，第 1 部でみた，振動と回転の状態の多重度について整理しておくと
以下のようになる．

　　振動：多重度 $g(v) = 1$

　　回転：多重度 $g(J) = 2J + 1$ 　　(直線分子/二次元回転子)

回転運動の多重度の効果は大きい．図 6.2 に一酸化炭素(CO)の赤外吸収にみら
れる回転構造を示す．詳細は省略するが P 枝(P branch)と R 枝(R branch)の番
号は光を吸収する状態の回転量子数 J を示しており，吸収の強さはその状態の分
子の存在量に比例する．図 6.2(b)に示すように，J が大きくなるにつれ，回転準
位のエネルギーは $J(J+1)$ に比例して大きくなるので，Boltzmann 分布の指数項
は小さくなる．しかし J の増大とともに，多重度 $g(J) = 2J + 1$ が大きくなるため

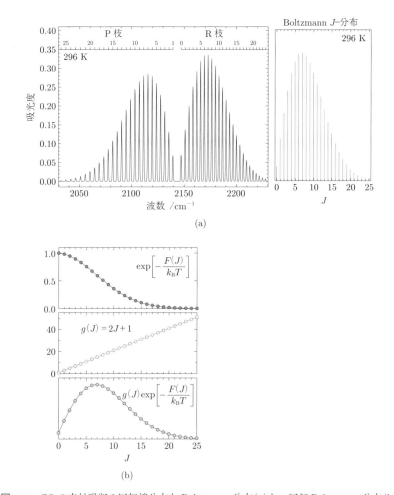

図 6.2 CO の赤外吸収の回転線分布と Boltzmann 分布(a)と，回転 Boltzmann 分布(b)

に，J の比較的小さいところでは多重度の効果が強く現れ，分布は増大する．さらに J が大きくなっていくと指数項が支配的となって減少するようになる．この分布を計算したものを図 6.2(a) の右側に示してあるが，吸収スペクトルの回転線の強度変化をよく再現していることがわかる．すなわち，回転分布は Boltzmann 分布に従っている．

6.2 巨視的平衡

6.2.1 状態の集合間の平衡

　Boltzmann分布は熱平衡状態における，分子の各状態の存在比を与える．しかし，細かい状態には興味がなく全体の存在比のみが重要な場合も多い．このような場合，集合に属するすべての状態の存在確率の和をとればよい．すなわち，

状態の集合の存在確率
　＝集合に属する各状態の存在確率の和

$$\propto 分配関数\ q = \sum_i g_i \exp\left(-\frac{\varepsilon_i}{k_B T}\right)$$

これが分配関数の統計力学的な意味である．状態の集合の存在確率は，集合に属するすべての状態のBoltzmann存在確率の和であり，この和を分配関数という．
　ここで，図6.3に示すCOの振動回転状態について考えてみよう．回転状態を区別しない場合，振動量子数$v=1$の分子数n_1と$v=0$の数n_0の比は次式のようになる．ΔEは$v=1$と$v=0$それぞれの$J=0$の状態間のエネルギー差である（図6.3参照）．

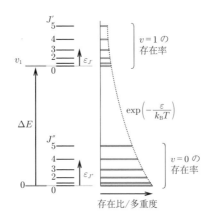

図 **6.3**　COの振動回転準位分布

$$\frac{n_1}{n_0} = \frac{\sum_{J'} g(J') \exp\left(-\frac{\varepsilon_{J'} + \Delta E}{k_B T}\right)}{\sum_{J''} g(J'') \exp\left(-\frac{\varepsilon_{J''}}{k_B T}\right)}$$

ΔE をくくりだすと，次式のようになる.

$$\frac{n_1}{n_0} = \frac{\sum_{J'} g(J') \exp\left(-\frac{\varepsilon_{J'}}{k_B T}\right)}{\sum_{J''} g(J'') \exp\left(-\frac{\varepsilon_{J''}}{k_B T}\right)} \exp\left(-\frac{\Delta E}{k_B T}\right)$$

ここで，$v=1, 0$ それぞれの回転基底状態を基点とした回転分配関数 q'_{rot}, q''_{rot} を使うと次式のように変形される.

$$\frac{n_1}{n_0} = \frac{q'_{rot}}{q''_{rot}} \exp\left(-\frac{\Delta E}{k_B T}\right)$$

$\frac{n_1}{n_0}$ は基本的には $v=1$ の回転分配関数と $v=0$ の回転分配関数の比で表される. しかし，分配関数は通常それぞれの基底状態を基準に計算するので，基底状態間のエネルギー差 ΔE の項が外に残ることになる.

6.2.2 化学平衡定数

同様な議論は，分子 A と B (たとえば m-キシレンと p-キシレン) の熱平衡 (図 6.4) にも拡張でき，平衡定数は次式で与えられる.

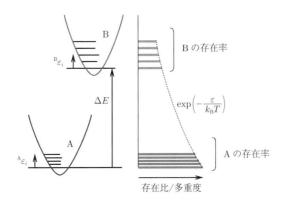

図 **6.4** 分子内準位分布と化学平衡

$$K_c = \frac{[\text{B}]_e}{[\text{A}]_e} = \frac{\sum_i^\text{B} g_i \exp\left(-\dfrac{^\text{B}\varepsilon_i + \Delta E}{k_\text{B} T}\right)}{\sum_i^\text{A} g_i \exp\left(-\dfrac{^\text{A}\varepsilon_i}{k_\text{B} T}\right)} = \frac{\sum_i^\text{B} g_i \exp\left(-\dfrac{^\text{B}\varepsilon_i}{k_\text{B} T}\right)}{\sum_i^\text{A} g_i \exp\left(-\dfrac{^\text{A}\varepsilon_i}{k_\text{B} T}\right)} \exp\left(-\frac{\Delta E}{k_\text{B} T}\right)$$

分配関数 q_A, q_B を A, B それぞれの基底状態から計算すると次式を得る.

$$K_c = \frac{q_\text{B}}{q_\text{A}} \exp\left(-\frac{\Delta E}{k_\text{B} T}\right) \tag{6.4}$$

平衡定数(平衡状態の存在比)は, 分配関数の比であり, 最後の指数項 $\exp\left(-\dfrac{\Delta E}{k_\text{B} T}\right)$ は分配関数を計算するときのエネルギー基点の違いによるものである.

7 統計力学の方法論

　本章では，分子統計熱力学の数学的な取扱い——分配関数の評価，Boltzmann（ボルツマン）分布の統計力学的導出——を中心にまとめる．数式の導出は最小限にとどめ，そこで使われている基本的な仮定と考え方を示すように努めた．結果として得られる分配関数は，次の章で熱力学関数の導出に用いられるほか，化学反応速度の統計理論である遷移状態理論でも使われる．

7.1　分　配　関　数

　熱力学関数の導出などの問題では，分子のすべての状態について存在確率を足し合わせた分子分配関数が必要とされる．電子の運動，並進，振動，回転運動が独立であると仮定すると，状態のエネルギーは次式のように，電子（$\varepsilon_{\text{elec}}$），並進（$\varepsilon_{\text{trans}}$），振動（$\varepsilon_{\text{vib}}$），回転エネルギー（$\varepsilon_{\text{rot}}$）の和で表される．

$$\varepsilon = \varepsilon_{\text{elec}} + \varepsilon_{\text{trans}} + \varepsilon_{\text{vib}} + \varepsilon_{\text{rot}} \tag{7.1}$$

運動が独立であるとは，たとえば振動状態によって回転定数が変化しない，ということであり，多くの場合にはよい近似である．エネルギーが和で表されるのであれば，前章の平衡定数の導出でもみたように，共通エネルギー項は指数関数の外にくくり出すことができるので，分子分配関数はそれぞれの運動の分配関数の積に分解することができる．

$$q = q_{\text{elec}} q_{\text{trans}} q_{\text{vib}} q_{\text{rot}} \tag{7.2}$$

ここで，q_{elec}，q_{trans}，q_{vib}，q_{rot} は順に，電子状態，並進，振動，回転の分配関数である．したがって，分子分配関数はそれぞれの運動の分配関数を計算し，それらの積から求められる．以下では順に分子運動の分配関数を導出する．

7.1.1　電子分配関数

　電子分配関数は分配関数の定義，

$$q = \sum_i g_i \exp\left(-\frac{\varepsilon_i}{k_{\text{B}} T}\right) \tag{6.3}$$

– 63 –

64   7 統計力学の方法論

に従って計算すればよいが，多くの場合，電子励起状態のエネルギーは高く，熱平衡状態における存在は無視できる．電子基底状態（多重度 g_{elec}）のみを考慮し，基底状態のエネルギーをエネルギーの基点にとると，$q = g_{elec}$，となるので，電子基底状態の多重度のみを考慮すればよい．さらに一重項の閉殻分子の場合は $g_{elec} = 1$ であるので，電子分配関数そのものを無視してよいことになる．

7.1.2 振動分配関数

分配関数は，分子分光学で議論したエネルギー準位 ε_i と多重度 g_i の情報を用いて，その定義式(6.3)から求めることができる．分配関数は通常，最低エネルギー準位を基準に計算するので，調和振動子のエネルギー準位の式(2.5)を基底状態のエネルギーを0になるように書き直すと次式を得る．

$$\varepsilon_v = vh\nu, \quad v = 0, 1, 2, \cdots \tag{7.3}$$

前章で整理しておいたように，調和振動子の各準位は縮退していない，すなわち多重度は1であるので，（一つの調和振動子の）分配関数は以下のようになる．

$$q_{vib}^{(1)} = \sum_{v=0}^{\infty} \exp\left(-\frac{vh\nu}{k_B T}\right)$$

この式は等比級数であるので，級数の和は容易に求められて，次式を得る．

$$q_{vib}^{(1)} = \left[1 - \exp\left(-\frac{h\nu}{k_B T}\right)\right]^{-1} \tag{7.4}$$

二原子分子以外では，一般に n_v 個の振動子をもつが，これらは独立であると見なすことができるので，分子のすべての振動の分配関数は次式で与えられる．

$$q_{vib} = \prod_{i=1}^{n_v} \left[1 - \exp\left(-\frac{h\nu_i}{k_B T}\right)\right]^{-1} \tag{7.5}$$

ここで「古典極限」の考え方と意味を整理しながら，振動分配関数を見てみよう．調和振動の離散的エネルギー間隔($h\nu$)と温度 T の代表エネルギーの間に $h\nu \ll k_B T$ の関係が成立する状況が古典極限である．式(7.4)にこの条件を適用すると，次式の古典分配関数が得られる．ここで分配関数と式の番号に付した "cl" は古典極限(classical limit)を意味する．

$$q_{vib-cl}^{(1)} = \frac{k_B T}{h\nu} \quad \text{（調和振動子の古典分配関数）} \tag{7.4cl}$$

図7.1に二つの条件，$h\nu \gg k_B T$（図7.1(a)），$h\nu \ll k_B T$（図7.1(b)，古典極限）にお

ける振動状態分布の様子を示した．図7.1(a)では励起状態がほとんど存在せず，分配関数は振動波数に関係なくほぼ1となる．一方で，古典極限（図7.1(b)）においては式(7.4cl)が示すように分配関数は $k_\mathrm{B}T$ 以下にある状態の数に相当する．したがって，いずれの場合も，分配関数は「その温度における実効的な状態の数」と見なすことができる．多重度と似ているが，分配関数の場合は，熱分布も考慮したときに寄与する状態の数を表しており，平衡定数の導出でみたように，分配関数が大きいということはその集合が存在しやすい，ということを意味している．ただし，多くの分子振動では常温では古典極限は成立しないことに注意されたい．

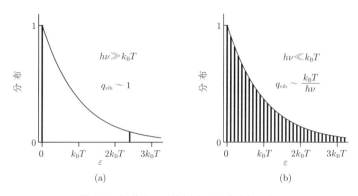

図 **7.1** 振動分配関数(a)とその古典極限(b)

7.1.3 回転分配関数

a. 直線分子

まず，3章で述べた直線分子の回転分配関数を導出しておく．エネルギー準位と多重度から直接解析的な表現は導出できないが，幸いなことに回転エネルギー間隔は小さく通常の条件で古典極限が成立する．以下では古典近似を用いて分配関数を導く．連続的な準位の存在が仮定できる場合，状態密度を用いて，分配関数の和を積分に置き換えて評価することができる．二次元回転子（直線分子）の状態密度 $\rho_\mathrm{rot}^\mathrm{2D}$ は多重度とエネルギーあたりの準位数から，以下のように評価することができる．

$$\rho_{\rm rot}^{\rm 2D} = \frac{g_J}{\sigma} \frac{dJ}{d\varepsilon_J} = \frac{1}{\sigma B}$$

ここで，σ は回転対称数であり，H_2, N_2, CO_2 などの対称な直線分子では 2，それ以外（HCl, N_2O など）では 1 である．回転対称数の詳細な説明は専門書に譲るが，対称な分子では特定の核スピン状態は偶数または奇数の回転量子数しかとることができないために，回転状態密度が低下することを考慮するとこの因子が必要になる．

ここで上式から（対称数を除けば）回転状態密度は $\frac{1}{B}$ になるが，このことは準位が実効的に等間隔 B で存在することを意味している．この様子を図 7.2 に示す．直線分子の回転状態は前述のように $2J+1$ 重に縮退しているが，これを無理やり分けて書くと，この図のようになり，実効的に等間隔 B で状態が存在していると近似できるのである．この議論はもちろん古典近似が成立する場合にのみ正しいことに注意されたい．

分配関数は状態密度関数と Boltzmann 因子をかけて積分したものになるから，直線分子の回転分配関数は次のようになる．

$$q_{\rm rot}^{\rm 2D} = \int_0^\infty \rho_{\rm rot}^{\rm 2D} \exp\left(-\frac{\varepsilon_J}{k_B T}\right) d\varepsilon_J = \frac{k_B T}{\sigma B} \tag{7.6}$$

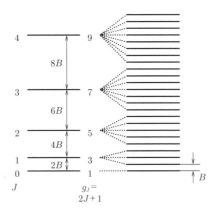

図 **7.2** 二次元回転の状態密度 $\approx \frac{1}{B}$

b. 非直線分子

非直線分子に関しては導出を省略し，結果のみを以下に示す．分配関数は次式のようになる．

$$q_{\text{rot}}^{3D} = \frac{n_{\text{isom}} \pi^{1/2}}{\sigma} \left(\frac{k_B T}{A} \frac{k_B T}{B} \frac{k_B T}{C} \right)^{1/2} \tag{7.7}$$

ここで，σ は回転対称数である．代表的な分子の例を挙げておくと，H_2O，SO_2 で 2，NH_3 では 3 となる．また n_{isom} は(光学)異性体の数である．

7.1.4 並進分配関数

多くの場合，結果を正しく利用すればよいが，並進分配関数の導出の考え方と結果をまとめておく．一次元並進には実用的な意味はあまりないが，三次元並進の分配関数の導出に利用され，遷移状態理論の導出にも用いられる．

a. 一次元並進

長さ l の一次元の箱の中の，質量 m の粒子の並進運動のエネルギー準位は，図 7.3 に示すように量子数の 2 乗に比例し，次式で与えられる．

$$\varepsilon_n = \frac{h^2 n^2}{8ml^2}, \quad n = 1, 2, 3, \cdots$$

回転分配関数の導出と同様に状態密度を用いて分配関数を求めると次式を得る．

$$q_{\text{trans}}^{1D} = \int_0^\infty \rho_{\text{trans}}^{1D} \exp\left(-\frac{\varepsilon_n}{k_B T} \right) d\varepsilon_n = \left(\frac{2\pi m k_B T}{h^2} \right)^{1/2} l \tag{7.8}$$

b. 三次元並進

各辺の長さが $l_x \times l_y \times l_z$ の箱中の三次元並進運動は x, y, z 方向の独立な並進運動の重ね合せであるから，分配関数は次式で与えられる．

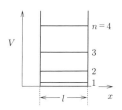

図 7.3 一次元の箱中の粒子の並進エネルギー準位

$$q_{\text{trans}}^{\text{3D}} = q_{\text{trans}}^{\text{1D}}(x) q_{\text{trans}}^{\text{1D}}(y) q_{\text{trans}}^{\text{1D}}(z) = \left(\frac{2\pi m k_{\text{B}} T}{h^2}\right)^{3/2} l_x l_y l_z \tag{7.9}$$

箱の大きさ $l_x \times l_y \times l_z$ は重要な意味をもたず,次の単位体積あたりの分配関数が用いられる.ここで,"°" は単位体積あたりの量であることを表す.

$$q_{\text{trans}}^{\circ} = \left(\frac{2\pi m k_{\text{B}} T}{h^2}\right)^{3/2} \tag{7.10}$$

c. 相対並進(三次元)

2粒子の相対並進の分配関数が必要になる場合があるが,この場合は m(粒子質量)を μ(換算質量)に置き換えるだけでよい.

$$q_{\text{trans}}^{\circ} = \left(\frac{2\pi \mu k_{\text{B}} T}{h^2}\right)^{3/2} \tag{7.11}$$

7.2 最優勢配置

熱平衡分子集団のBoltzmann分布は,分光学的な測定をはじめとする実験事実によって支持されるが,ここでは統計力学的な考察によって,分子集団中の最も起こりやすいエネルギー分配がBoltzmann分布であることを見てみる.

7.2.1 配置と重率

エネルギーの統計分配を考察する際に用いられる配置と重率の考え方を簡単な例を用いて説明する.

例1

まず四つの箱(分子)に三つの玉(エネルギー量子 $h\nu$)を分配する場合(図7.4)を考えよう.

図 7.4 四つの箱(分子)に三つの玉(エネルギー量子 $h\nu$)を分配する問題

この問題では，箱(分子)は区別するが，玉(エネルギー)は区別しない．この場合の数は，たとえば"○|○∥○"のように三つの縦棒"|"と三つの"○"，合計六つを配置する問題であるから，すべての場合を数えると以下のようになる．

$$総重率 = \frac{6!}{3!3!} = 20$$

ここで，エネルギーの分配のパターンを考えてみると，図7.5の(a)，(b)，(c)の3種類がある．それぞれのパターンの重率を数えると図に示すようになり，その合計は確かに20(=総重率)になっている．ここで，それぞれのパターンを**配置**とよぶ．配置(n_0, n_1, n_2, n_3)のn_0, n_1, n_2, n_3はエネルギー0，1，2，3の分子の数を示している．**各配置の重率** Wは，以下に示すように計算することができる．

$$W(a) = \frac{4!}{1!3!0!0!} = 4, \quad W(b) = \frac{4!}{2!1!1!0!} = 12, \quad W(c) = \frac{4!}{3!0!0!1!} = 4$$

この結果からわかることは，なるべく均等にエネルギーを割り当てた配置(a)(1, 3, 0, 0)や，特定の分子に集中する配置(c)(3, 0, 0, 1)よりも，(b)(2, 1, 1, 0)の配置が3倍起こりやすいことである．この場合の(b)の配置を**最優勢配置**とよぶ．

例2

次にもう少し増やして7分子に$4h\nu$を分配することを考えると，図7.6のようになる．総重率は210，最優勢配置は(d)(4, 2, 1, 0, 0)でその重率$W(d)$は105で

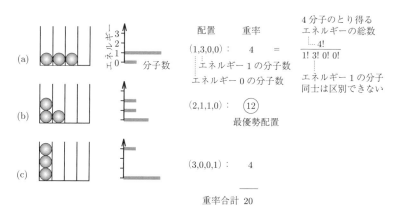

図 **7.5** 4分子に$3h\nu$を分配する3パターンの重率

ある.適度にとるべきエネルギーの数が異なる配置が最優勢であることがわかる.これは Boltzmann 分布に似ていることもわかるだろう.そして,最優勢配置は全体の 1/2 を占めている.

例 3

最後に n 個の振動子に $mh\nu$ のエネルギーを配置する問題を,かなり大きい n と m について計算したときの最優勢配置を図 7.7 に示す.数が大きくなると最優勢配置とよく似た配置が,総重率の中では圧倒的に重率が高くなっている.

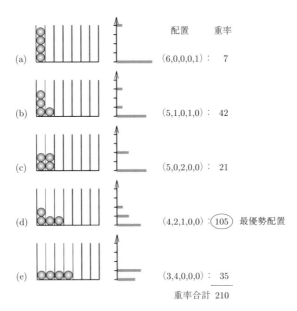

図 7.6 7 分子に $4h\nu$ を分配する五つの配置の重率

図 7.7 n 分子に $mh\nu$ を分配する場合の最優勢配置

n, m が十分大きな極限では Boltzmann 分布のような分布が優勢になることがわかる.

7.2.2 Boltzmann 分布の導出

上では n, m が小さく配置と重率が手作業で数え上げられる例をみてきた. ここでは数学的に n, m が大きな極限での最優勢配置を求めてみよう. 配置 $(n_0, n_1, n_2, \cdots)$ の重率は式 (7.12) で, 対数重率は式 (7.13) で与えられる.

$$W = \frac{N!}{\prod_i n!} \tag{7.12}$$

$$\ln W = \ln N! - \sum_i \ln n_i! \tag{7.13}$$

ここで Stirling (スターリング) の近似, $\ln x! = x \ln x - x$, を用いると次式が得られる.

$$\ln W = N \ln N - \sum_i n_i \ln n_i \tag{7.14}$$

ここで, 未定乗数法を用いて, 束縛条件 $\sum_i n_i = N$, $\sum_i \varepsilon_i n_i = E$ のもとでの $\ln W$ の最大値を求めると, 最優勢配置として次式が得られる.

$$\frac{n_i}{N} = \exp(\alpha - \beta \varepsilon_i) = \frac{\exp\left(-\dfrac{\varepsilon_i}{k_B T}\right)}{q} \tag{7.15}$$

これは, まさに Boltzmann 分布である. ここで未定乗数として用いた β は最終的に $\dfrac{1}{k_B T}$ であることが示される.

8 熱力学関数と分配関数

6.2 節(巨視的平衡)で示したように平衡定数は分配関数から計算される．一方，平衡定数と熱力学関数には明確な関係があるので，熱力学関数を分配関数によって書き表すことができるはずである．本章では，簡単な考察によって熱力学関数が分配関数から導かれることを示す．中でもエントロピーは多くの場合，熱測定による実験値よりも，分光学的な情報を基に分配関数から計算されたもののほうが，精度が高いことが知られている．

8.1 概　念

熱力学で学んだように，化学平衡定数 K と反応の Gibbs(ギブズ)エネルギー変化 $\Delta G°$ には $\Delta G° = -RT \ln K$ の関係がある．Gibbs エネルギーの定義式 $G = H - TS$(H, S は順にエンタルピーおよびエントロピー)から等温過程について，$\Delta G° = \Delta H° - T\Delta S°$ となるので，次式が得られる．

$$RT \ln K = -\Delta H + T \Delta S \tag{8.1}$$

ここでは，簡単な系の Boltzmann 分布から得られる平衡状態を式(8.1)と比較することで，熱力学関数の意味を見てみよう．

8.1.1 Na 原子

すでに何度か例に挙げたように，Na 原子には電子配置 $3s^1$ の基底状態 ^2S(多重度 2)と $3s^03p^1$ の励起状態 ^2P(多重度 6)がある(図 8.1)．この状態間の電子遷移が

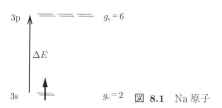

図 8.1　Na 原子

74   8　熱力学関数と分配関数

ナトリウムの D 線であったが，ここでは二つの状態間の熱平衡を考える.

　基底状態 ^{2}S と励起状態 ^{2}P の間の平衡定数は，エネルギー差を ΔE とすると，Boltzmann 分布則から $\dfrac{n(^2\mathrm{P})}{n(^2\mathrm{S})} = K = \dfrac{6}{2} \exp\left(-\dfrac{\Delta E}{RT}\right)$ で与えられる. これを式 (8.1) の形に変形すると次式となる.

$$RT \ln K = -\Delta E + T R \ln 3 \tag{8.2}$$

これを式 (8.1) と比較すると $\Delta H \approx \Delta E$ および $\Delta S \approx R \ln 3$ であることが推定される. エンタルピー変化 ΔH が ΔE に相当することは直観的に理解できるだろう. もう一つの関係に注意すると，

$$S(\text{エントロピー}) \approx \boxed{R \ln(\text{状態数})}$$

であることがわかる. この式は，エントロピーに分子のエネルギー状態の理解に基づく解釈を与えるものである. エントロピーが大きいということは，多重度や状態の密度が大きいことに対応している. 古典統計力学から得られる，有名な **Boltzmann** のエントロピーの式を参考までに以下に示す.

$$S = k_\mathrm{B} \ln W$$

ここで，W は 7.2 節で議論した配置の重率である. エントロピーは配置の重率，すなわち確率的な起こりやすさに関係している. 何度か述べたように $k_\mathrm{B} = \dfrac{R}{N_\mathrm{A}}$ であり，k_B と R の違いは本質ではない. Boltzmann のエントロピーの式は 1 分子あたりのエントロピーを表している.

8.1.2　化　学　平　衡

　6.2 節で導いた反応 A⇌B の平衡定数

$$K = \frac{q_\mathrm{B}}{q_\mathrm{A}} \exp\left(-\frac{\Delta E}{RT}\right) \tag{6.4}$$

を変形すると次式を得る.

$$RT \ln K = -\Delta E + T R \ln \frac{q_\mathrm{B}}{q_\mathrm{A}} \tag{8.3}$$

これを同様に式 (8.1) と比較すると $\Delta H \approx \Delta E$ および $\Delta S \approx R \ln \dfrac{q_\mathrm{B}}{q_\mathrm{A}}$ であると考えら

れる.これから次のエントロピーの表現が得られる.

$$S(\text{エントロピー}) \approx \boxed{R\ln(\text{分配関数 あるいは 実効状態数})}$$

7章で述べたように,分配関数はその温度で寄与する実効的な状態の数であると解釈できるので,Na原子の議論で得られた $R\ln(\text{状態数})$ と本質的には同じことを意味している.

あえて「≈」で式を書いたように,ここでの議論は厳密ではない.熱力学関数と分配関数の関係式は以下で導く.

8.2 内部エネルギーと熱容量

内部エネルギーは,図8.2に示すような,分子の基底状態からの励起エネルギーの期待値に相当する.

図 **8.2** 励起エネルギーの期待値

分子の励起エネルギーの期待値 $\langle \varepsilon \rangle$ は個々の状態のエネルギー ε_i に Boltzmann 分布確率を掛けて足し合わせたものである.ここで $\beta = 1/k_\mathrm{B}T$ を用いると次式を得る.

$$\langle \varepsilon \rangle = \frac{1}{q}\sum_i \varepsilon_i g_i \exp(-\beta\varepsilon_i)$$

分配関数 $q = \sum_i g_i \exp(-\beta\varepsilon_i)$ を β で微分することで,上式は以下のように書けることがわかる.

$$\langle \varepsilon \rangle = -\frac{1}{q}\left(\frac{\partial q}{\partial \beta}\right)_V = -\left(\frac{\partial \ln q}{\partial \beta}\right)_V \tag{8.4}$$

したがって,モル内部エネルギーは,次式のように書くことができる.

$$^\mathrm{m}U - {}^\mathrm{m}U(0) = N_\mathrm{A}\langle \varepsilon \rangle = -N_\mathrm{A}\left(\frac{\partial \ln q}{\partial \beta}\right)_V \tag{8.5}$$

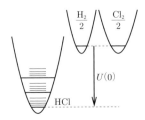

図 **8.3** 0 K における標準生成内部エネルギー $^{\mathrm{m}}U(0)$ の意味

ただし，ここで $^{\mathrm{m}}U(0)$ は元素単体基準の化学結合エネルギー，すなわち 0 K における標準生成内部エネルギー(図 8.3)である．

定容モル熱容量は，その定義である次式から計算される．

$$^{\mathrm{m}}C_V = \left(\frac{\partial ^{\mathrm{m}}U}{\partial T}\right)_V \tag{8.6}$$

8.2.1 分子運動からの寄与

7 章で示したように分子の分配関数は，分子運動の分配関数の積に分解できる．

$$q = q_{\mathrm{elec}} q_{\mathrm{trans}} q_{\mathrm{vib}} q_{\mathrm{rot}} \tag{7.2}$$

したがって，式(8.5)の $\ln q$ は，$\ln q = \ln q_{\mathrm{elec}} + \ln q_{\mathrm{trans}} + \ln q_{\mathrm{vib}} + \ln q_{\mathrm{rot}}$ のように，和に分解できるので，内部エネルギーと熱容量は分子運動からの寄与の和に分解できる．

$$^{\mathrm{m}}U - ^{\mathrm{m}}U(0) = ^{\mathrm{m}}U_{\mathrm{elec}} + ^{\mathrm{m}}U_{\mathrm{trans}} + ^{\mathrm{m}}U_{\mathrm{vib}} + ^{\mathrm{m}}U_{\mathrm{rot}} \tag{8.7}$$

$$^{\mathrm{m}}C_V = ^{\mathrm{m}}C_{V,\mathrm{elec}} + ^{\mathrm{m}}C_{V,\mathrm{trans}} + ^{\mathrm{m}}C_{V,\mathrm{vib}} + ^{\mathrm{m}}C_{V,\mathrm{rot}} \tag{8.8}$$

個々の寄与はそれぞれの分配関数に式(8.5)，式(8.6)を適用して導くことができる．以下では，例として並進運動の寄与を導く．

例（並進運動の寄与）

$$\text{式}(7.10) \to \ln q^{\circ}_{\mathrm{trans}} = \frac{3}{2}\ln\frac{2\pi m}{h^2} - \frac{3}{2}\ln\beta$$

$$\to \text{式}(8.5) \to ^{\mathrm{m}}U_{\mathrm{trans}} = -N_{\mathrm{A}}\left(\frac{\partial \ln q^{\circ}_{\mathrm{trans}}}{\partial \beta}\right)_V = -N_{\mathrm{A}}\left(-\frac{3}{2}\beta^{-1}\right) = \frac{3}{2}N_{\mathrm{A}}k_{\mathrm{B}}T = \frac{3}{2}RT$$

$$\to \text{式}(8.6) \to ^{\mathrm{m}}C_{V,\mathrm{trans}} = \left(\frac{\partial ^{\mathrm{m}}U_{\mathrm{trans}}}{\partial T}\right)_V = \frac{3}{2}R$$

他の分子運動からの寄与も計算した結果を表 8.1 にまとめる．

表 8.1 分子運動からの内部エネルギーと熱容量への寄与

		$\dfrac{^mU}{RT}$	$\dfrac{^mC}{R}$		適用温度領域
並 進		$\dfrac{3}{2}$	$\dfrac{3}{2}$	古典極限	全域（除：極低温）
回転(n_r：回転自由度)		$\dfrac{n_\mathrm{r}}{2}$	$\dfrac{n_\mathrm{r}}{2}$	古典極限	全域（除：極低温）
一つの振動 $\left(x=\dfrac{h\nu}{k_\mathrm{B}T}\right)$		$\dfrac{x}{\mathrm{e}^x-1}$	$\dfrac{x^2\mathrm{e}^x}{(\mathrm{e}^x-1)^2}$		全域
		0	0	$T\to 0$	低温のみ
		1	1	$T\to\infty$（古典極限）	高温のみ
(参考)					
単原子固体	(Einstein 模型)	$\dfrac{3x}{\mathrm{e}^x-1}$	$\dfrac{3x^2\mathrm{e}^x}{(\mathrm{e}^x-1)^2}$		△近似
	(Dulong-Petit 則)	3	3	$T\to\infty$（古典極限）	△近似

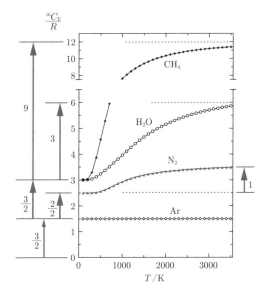

図 8.4 気体のモル熱容量の温度変化

気体の定容モル熱容量の温度依存性を図 8.4 に示す．縦軸は定容モル熱容量 ^mC_V を R で割ったものである．すべての気体で並進の寄与は $\frac{3}{2}$ であり，単原子気体である Ar ではこの寄与のみである．回転の寄与は直線分子で 1，非直線分子で $\frac{3}{2}$ であり，最も低温 (100 K) からこの寄与があることがわかる．振動の寄与は温度に依存し，表 8.1 の式で表される．低温では振動の寄与は 0 だが，高温の極限では一つの振動が 1 だけ $\frac{^mC_V}{R}$ に寄与する．したがって振動子の数が多いほど，高温側の熱容量は大きくなる．

表 8.1 には，参考までに，単原子固体の Einstein (アインシュタイン) 模型と Dulong-Petit (デュロン・プティ) 則による熱容量を示した．Einstein 模型は格子点にある各原子が 3 次元の調和振動子であると考えることで導出される．Dulong-Petit 則はその古典極限に相当する．図 8.5 に固体のモル熱容量を Einstein 模型と比較した．定性的にはよい一致を示していることがわかる．

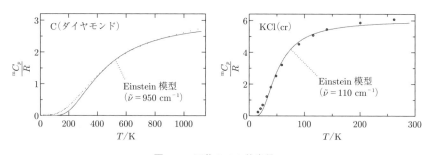

図 8.5 固体のモル熱容量

8.3 エントロピー

熱力学エントロピーの分配関数による表現は次式のようになる．

$$S = \frac{U - U(0)}{T} + k_B \ln Q \tag{8.9}$$

ここで，Q は**集合分配関数**である．分子固体などでは分子の位置は固定されて

いるために $Q=q^N$ の単純な関係がある。しかし，流体（気体・液体）では，量子力学的に同種粒子が区別できないことを考慮すると次式のようになる。

$$Q=\frac{q^N}{N!} \tag{8.10}$$

これに Stirling の近似 $\ln x! \approx x \ln x - x$ を適用すると次式を得る。

$$\ln Q = N(\ln q - \ln N + 1) \tag{8.11}$$

その結果，モルエントロピーは次式で与えられる。

$$^mS = \frac{^mU - {}^mU(0)}{T} + R\left(\ln q^\circ - \ln \frac{p}{k_BT} + 1\right) \tag{8.12}$$

8.3.1 分子運動からの寄与

個々の分子運動からのエントロピーへの寄与は，式(8.12)中の $\dfrac{^mU}{T}$ への寄与と $R \ln q^\circ$ への寄与を求めればよい。結果を表8.2 にまとめる。同種粒子が区別できないことからくる項は並進運動に由来すると見なすことができるので，並進項に含めてある。

表 **8.2** 分子運動からのエントロピーへの寄与

	$\dfrac{^mS}{R}$
並　進	$\dfrac{5}{2} + \ln q^\circ_{\text{trans}} - \ln \dfrac{p}{k_BT}$，あるいは $\dfrac{3}{2} \ln \dfrac{m}{\text{amu}} + \dfrac{5}{2} \ln \dfrac{T}{\text{K}} - \ln \dfrac{p}{\text{bar}} - 1.1517$
回転 $(n_r：回転自由度)$	$\dfrac{n_r}{2} + \ln q_{\text{rot}}$
一つの振動 $\left(x = \dfrac{h\nu}{k_BT}\right)$	$\dfrac{x}{e^x - 1} - \ln(1 - e^{-x})$
電子状態	$\ln q_{\text{elec}}$

第3部　分子間相互作用

　第2部(分子統計熱力学)では，第1部(分子構造と分光学)で扱ったエネルギー準位と多重度を，熱力学関数の導出に用いた．第3部(9〜10章)では，第1部でみた別のミクロな性質(双極子モーメント/分極率)とマクロな物性(誘電率/屈折率)の関係を議論し，同じく分子の極性を成因とする分子間力について解説する．本書では述べないが，分子間力は粘性や拡散係数などの流体の性質の導出に用いられる．

9 分子の極性

本章では分子のミクロな極性である,「双極子モーメント」「分極率」と,マクロな物性である,「誘電率」「屈折率」の関係について見てみる.

9.1 ミクロな極性

第1部では,光学遷移とRaman散乱がそれぞれ双極子遷移と分極率遷移であることを述べた.このことからもわかるように,分子の極性には,分子がもともともっている**永久双極子モーメント**と,電場によって誘起される**誘起双極子モーメント**の2種類がある.

9.1.1 永久双極子モーメント

誘起双極子モーメントと対比する場合以外は,単に「双極子モーメント」とよばれることも多い.図9.1のように点電荷があるとき,点電荷$-q$からqへ向かうベクトルをrとすると,永久双極子モーメントμは次式で定義される.

$$\mu = q\boldsymbol{r} \tag{9.1}$$

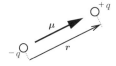

図 9.1 永久双極子モーメント

双極子モーメントはベクトル量であるが,その大きさを指すことも多く,単位にはC mあるいはD(デバイ,$=3.33564\times10^{-30}$ C m)が用いられる.デバイは静電単位系で定義された単位であるため,SI単位系では半端な数値となるが,今日でも広く用いられている.1 Å 離れた$-e$とe(eは電気素量=電子の電荷の絶対値)の双極子モーメントの大きさは4.80321 Dであり,小さな分子の双極子モーメントは1 D程度となるため,分子の双極子モーメントを表すのに都合がよい.

- 83 -

9.1.2 誘起双極子モーメント

窒素分子のように永久双極子モーメントをもたない分子でも,図9.2のように電場中に置かれると,電子が正極側に引き寄せられるために,分子に誘起双極子モーメントμ^*が発生する.比較的弱い電場中の分極は電場Eに線形であると近似でき,次式が成立する.

$$\mu^* = \alpha E \tag{9.2}$$

ここで,αは分極率[C V^{-1} m^2 = F m^2]である.通常αは正のスカラー量である.

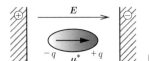

図 9.2 誘起双極子モーメント

分子の分極率は次式で定義される.**分極率体積**を用いて表されることも多い.

$$\alpha' = \frac{\alpha}{4\pi\varepsilon_0} \tag{9.3}$$

ここで,ε_0は真空の誘電率[F m^{-1}]である.この量は体積の次元をもつ.物理的には分子1個が分極にかかわる体積と見なすことができ,およそ分子の大きさに相当するÅ^3(= 10^{-30} m^3)のオーダーの値をもつことが多い.

9.2 マクロな物性

分子のミクロな極性がかかわる,代表的なマクロな物性は,誘電率と屈折率である.

9.2.1 誘 電 率

誘電率は,電荷q_1, q_2の相互作用ポテンシャルの式

$$V = \frac{q_1 q_2}{4\pi\varepsilon r} \tag{9.4}$$

の係数εとして定義され,単位はF m^{-1} = C V^{-1} m^{-1}である.次式で与えられる比誘電率(真空の誘電率ε_0との比)を用いることが多い.

$$\varepsilon_r = \frac{\varepsilon}{\varepsilon_0} = \frac{C}{C_0} \tag{9.5}$$

ここで，C は媒質中におかれた 2 枚の電極間の静電容量であり，同じ電極が真空中におかれたときの静電容量 C_0 との比が比誘電率となる．

9.2.2 屈 折 率

光の屈折率は真空中の光速 c_0 と媒質中の光速 c の比であり，Maxwell (マクスウェル) 方程式から，次式のように比誘電率の 1/2 乗であることが示される．

$$n_r = \frac{c_0}{c} = \varepsilon_r^{1/2} \tag{9.6}$$

誘電率は一般に電場の周波数(振動数)に依存するため，ここでの ε_r は光の周波数における比誘電率である．

9.2.3 分極への双極子と分極率の寄与

物質のマクロな性質である誘電率は，物質の電場中での分極しやすさを表す量であるが，個々の分子の分極率 α のみが関与するわけではない．これを図 9.3 に概念的に示した．気体や液体などの流体中の分子が永久双極子モーメントをもつ場合，これが電場の方向に向きをそろえることでマクロな物質の分極が起こる(配向分極，図 9.3(a))．もちろん，個々の分子の分極率もマクロな物資の分極に寄与する(電子分極，図 9.3(b))．固体では分子の回転に由来する配向分極が起こ

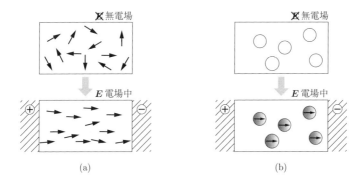

図 9.3 分極への μ (双極子モーメント)の寄与(a)と，α (分極率)の寄与(b)

86   9 分子の極性

ることはまれであるが，格子原子の位置が変位することで起こる変形分極が起こ
る．これは格子振動に対応する．それぞれの分極は応答できる周波数に違いがあ
る．分子回転の周波数はマイクロ波領域にあるため，分子回転に由来する配向分
極はマイクロ波以上の周波数には追随できない．したがって，一般に可視光領域
の性質である屈折率には寄与しない．変形分極は格子振動に対応する遠赤外領域
まで追随できる．本書では変形分極については，これ以上取り扱わず，主に流体
の物性について述べる．

9.2.4 Debye の式

上述の配向分極と電子分極を考慮した，流体の分極および誘電率を与えるの
が，次の **Debye**（デバイ）の式である．

$$\frac{\varepsilon_r - 1}{\varepsilon_r + 2} = \frac{\rho P_m}{M} \tag{9.7}$$

$$P_m = \frac{N_A}{3\varepsilon_0}\Big(\alpha + \frac{\mu^2}{3k_B T}\Big) \tag{9.8}$$

ここで，P_m はモル分極 $[m^3 \ mol^{-1}]$，M はモル質量 $[kg \ mol^{-1}]$，ρ は密度 $[kg \ m^{-3}]$ である．式(9.7)と式(9.8)を組み合わせた次式の形で用いられることも多い．

$$\frac{\varepsilon_r - 1}{\varepsilon_r + 2} = \frac{\rho N_A}{3M\varepsilon_0}\Big(\alpha + \frac{\mu^2}{3k_B T}\Big) \tag{9.9}$$

式(9.8)または式(9.9)の右辺括弧内の第1項は電子分極の寄与であり，第2項が
温度 T における平均的な配向分極の寄与を与えている．分子運動が激しい高温
では双極子モーメントは容易に整列しないことが表現されている．

9.2.5 Clausius-Mossotti の式

高周波領域の誘電率や屈折率を評価するためによく用いられるのが，次の
Clausius-Mossotti（クラウジウス・モソティ）の式である．式(9.9)から配向分
極の項を除いたものであることがわかる．上述のように可視光領域などの高周波
数には分子配向（回転）は追随できないためである．

$$\frac{\varepsilon_r - 1}{\varepsilon_r + 2} = \frac{\rho N_A \alpha}{3M\varepsilon_0} = \frac{4\pi\rho N_A \alpha'}{3M} \tag{9.10}$$

10 分 子 間 力

　分子間にはたらく引力は，前章で述べた，誘起双極子も含む分子の極性に由来するものである．本章では分子間力の成因と基本の理解を目的とする．本章で述べる分子間ポテンシャルは，拡散係数や粘性などの流体の基本物性の理解と導出の基礎となるものである．

10.1　双極子相互作用

　まず，電磁気学から導出される，電荷や永久/誘起双極子の相互作用ポテンシャルを順に見てみよう．個々の式の導出や意味を詳細に議論することは目的ではなく，結果を並べてみることに意味があるので，式にもあえて番号を付さない．

・クーロン相互作用 (図 10.1)：$V = \dfrac{q_1 q_2}{4\pi\varepsilon_0 r}$

図 10.1　点電荷間のクーロン相互作用

・点双極子 (μ_1) と点電荷 (q_2) の相互作用 (図 10.2)：$V = -\dfrac{\mu_1 q_2 \cos\theta}{4\pi\varepsilon_0 r^2}$

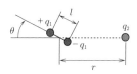

図 10.2　点双極子と点電荷の相互作用

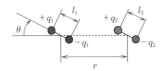

図 10.3 平行な双極子間の相互作用

・平行な双極子同士(μ_1 と μ_2)の相互作用(図10.3): $V = \dfrac{\mu_1\mu_2(1-3\cos^2\theta)}{4\pi\varepsilon_0 r^3}$

相互作用の距離 r に対する依存性をみると,電荷同士で r^{-1},電荷と双極子が r^{-2},双極子同士が r^{-3} となり順に相互作用が短距離となっていく(距離に対する負の次数が大きくなり,遠距離での減衰が速い).中性分子同士の「平均」の相互作用は,以下でみるようにさらに次数が大きくなり,きわめて短距離でしかはたらかない.

10.1.1 平均ポテンシャル

流体物性などで必要とされる分子間ポテンシャルは,双極子の配向などを平均化した,熱平衡にあるランダムな配向の分子の平均的な相互作用である.永久双極子モーメントをもつ2種類の分子の間の平均ポテンシャルエネルギーは,次式で与えられる(**Keesom**(キーサム)**の相互作用**).上に示した平行双極子では r^{-3} であった距離依存性が熱平均では r^{-6} になることがわかる.

$$\langle V \rangle = -\frac{C}{r^6} \qquad C = \frac{2\mu_1^2\mu_2^2}{3(4\pi\varepsilon_0)^2 k_\mathrm{B} T} \tag{10.1}$$

片方の分子は双極子モーメントをもつが,他方にはなく,相手分子の双極子によって誘起される誘起双極子のみをもつ場合の平均相互作用は次式になる.

$$\langle V \rangle = -\frac{C}{r^6} \qquad C = \frac{\mu_1^2 \alpha'_2}{4\pi\varepsilon_0} \tag{10.2}$$

さらに,どちらの分子も永久双極子モーメントをもたない場合の,誘起双極子-誘起双極子相互作用(**分散力**)は,次の London(ロンドン)の式で近似される.

$$V = -\frac{C}{r^6} \qquad C = \frac{3}{2}\alpha'_1\alpha'_2 \frac{I_1 I_2}{I_1 + I_2} \tag{10.3}$$

ここで，I はイオン化エネルギーである．式(10.2)までの相互作用は古典電磁気学から導かれるが，この相互作用は量子論によってのみ説明される．確率分布として理解される電子分布には「ゆらぎ」が存在し，それによって分子は瞬間的には双極子モーメントをもつと解釈される．その大きさがイオン化ポテンシャルに相関すると仮定することで式(10.3)は導かれる．ここでみた中性分子間の平均相互作用はすべて，分子間距離 r の 6 乗に反比例する．

10.2 相互作用ポテンシャル

前述のような議論に基づいて仮定される，典型的な分子間ポテンシャル関数を簡単に紹介しておく．

10.2.1 剛体球ポテンシャル

最も原型的なモデルポテンシャルであり，分子が堅い球であると近似したポテンシャル関数である(図 10.4)．

$$V = \infty \quad (r \leq d)$$
$$V = 0 \quad (r > d) \tag{10.4}$$

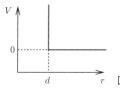

図 10.4 剛体球ポテンシャル

10.2.2 L-J ポテンシャル

前節でみたように，どのような相互作用を考えても中性分子間の平均ポテンシャルの引力項は r^6 に反比例する．これに近距離の反発項として r^{12} に反比例する項を加えた次式は **Lennard-Jones**（レナード・ジョーンズ，**L-J**）ポテンシャル，あるいは 12-6 L-J ポテンシャルとよばれ，古くから流体物性の推算などに用いられてきた．

$$V = 4\varepsilon\left\{\left(\frac{r_0}{r}\right)^{12} - \left(\frac{r_0}{r}\right)^{6}\right\} \tag{10.5}$$

このポテンシャル関数の概形を図10.5に示す．無限遠を0にとったとき，ポテンシャルエネルギーが0になる距離がr_0であり，井戸の深さがεになっている．r^{-6}には，上述のように物理的な根拠があるが，反発項のr^{-12}には根拠はなく，実際のポテンシャルとの一致もよくない．分子動力学計算などのために，より現実的な反発項を用いたポテンシャルもいくつか提案されている．

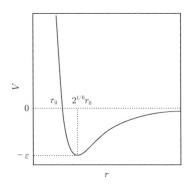

図 10.5 Lennard-Jones ポテンシャル

お わ り に

　本書では，分子の並進・振動・回転運動，電子のスピン・軌道角運動量や遷移などの分子構造と分光学の概念，そして分配関数などの分子統計熱力学の概念を，できる限り数式に頼らずに解説することを第一の目的とした．分子分光学も分子統計力学も，実際に応用する場合にはさらに詳細な知識が必要であるが，数学的な詳細を記述した専門書に取り組む前の概念的な導入となれば幸いである．

　第二の目的は，内部エネルギー・熱容量・エントロピーなどの熱力学関数の分子論的なイメージをもつことで，その理解を深めることにある．熱力学をさまざまな問題に応用する過程において数学的な取扱いは不可欠であるが，その際に必要な最小限の概念の形成に役立てば幸いである．

参 考 文 献

第1部：分子構造と分光学

[1] P.F. Bernath, *Spectra of Atoms and Molecules*, Oxford University Press, **1995**.

[2] G. Herzberg, *The Spectra and Structures of Simple Free Radicals : An Introduction to Molecular Spectroscopy*, Cornell University Press, **1971**；*ibid.*, Dover, **1988**, **2003**, **2012**.

[3] P. Atkins, J. de Paula, *Atkins' Physical Chemistry*, *Tenth Ed.*, Oxford University Press, **2014**, Chapter 12 and 13；（邦訳）千原秀昭，中村亘男 訳，アトキンス物理化学 第8版，東京化学同人，**2009**，13章，14章.

[4] D.A. McQuarrie, J.D. Simon, *Physical Chemistry : A Molecular Approach*, University Science Books, **1997**, Chapter 13；（邦訳）千原秀昭，江口太郎，齋藤一弥 訳，物理化学—分子論的アプローチ，東京化学同人，**1999**，13章.

第2部：分子統計熱力学

[1] D.A. McQuarrie, J.D. Simon, *Molecular Thermodynamics*, University Science Books, **1999**.

[2] P. Atkins, J. de Paula, *Atkins' Physical Chemistry*, *Tenth Ed.*, Oxford University Press, **2014**, Chapter 15；（邦訳）千原秀昭，中村亘男 訳，アトキンス物理化学 第8版，東京化学同人，**2009**，16章，17章.

[3] D.A. McQuarrie, J.D. Simon, *Physical Chemistry : A Molecular Approach*, University Science Books, **1997**, Chapter 17 and 18；（邦訳）千原秀昭，江口太郎，齋藤一弥 訳，物理化学—分子論的アプローチ，東京化学同人，**1999**，17章，18章.

第3部：分子間相互作用

[1] P. Atkins, J. de Paula, *Atkins' Physical Chemistry*, *Tenth Ed.*, Oxford University Press, **2014**, Chapter 16；（邦訳）千原秀昭，中村亘男 訳，アトキンス物理化学 第8版，東京化学同人，**2009**，18章.

[2] D.A. McQuarrie, J.D. Simon, *Physical Chemistry : A Molecular Approach*, University Science Books, **1997**, Chapter 27；（邦訳）千原秀昭，江口太郎，齋藤一弥 訳，物理化学—分子論的アプローチ，東京化学同人，**1999**，27章.

索　　引

欧　文

1電子軌道角運動量(one-electron orbital angular momentum)　51

γ-system　52,53
　NO の――　53
δ軌道(δ orbital)　51
Δ状態(Δ state)　53
π軌道(π orbital)　51
Π状態(Π state)　53
σ軌道(σ orbital)　51
Σ状態(Σ state)　53

a軸(回転軸)(a-axis (of rotation))　44
b軸(回転軸)(b-axis (of rotation))　44
Boltzmann(ボルツマン)のエントロピー(Boltzmann's entropy)　74
Boltzmann(ボルツマン)定数(Boltzmann constant)　5
Boltzmann(ボルツマン)分布(Boltzmann distribution)　57,71,73
c軸(回転軸)(c-axis (of rotation))　44
CH_4　13
Clausius-Mossotti(クラウジウス・モソティ)の式(Clausius-Mossotti equation)　86
CO_2　12
d軌道(d orbital)　50
D状態(D state)　50
D線遷移(D-line transition)　15,47
Debye(デバイ)の式(Debye equation)　86

Doppler(ドップラー)シフト(Doppler shift)　15
Dulong-Petit(デュロン・プティ)の法則(Dulong and Petit's law)　78
Einstein(アインシュタイン)模型(Einstein model)　78
f軌道(f orbital)　50
F状態(F state)　50
Gibbs(ギブズ)エネルギー(Gibbs energy)　73
HCN　15
H_2O　12
Keesom(キーサム)の相互作用(Keesom interaction)　88
L-J ポテンシャル(L-J potential)　89
Lambert-Beer(ランベルト・ベール)の法則(Lambert-Beer law)　9
Lennard-Jones(レナード・ジョーンズ)ポテンシャル(Lennard-Jones potential)　89
NO の γ-system　53
p軌道(p orbital)　50
P状態(P state)　50
Raman(ラマン)活性(Raman active)　30,41,42
Raman(ラマン)散乱(Raman scattering)　27,29
Rayleigh(レイリー)散乱(Rayleigh scattering)　27
s軌道(s orbital)　50
S状態(S state)　50
Stirling(スターリング)の近似(Stirling approximation)　71,79
Stokes(ストークス)光(Stokes light)　27,29,36

- 95 -

あ 行

アインシュタイン模型 → Einstein 模型
一次元並進(one-dimensional translation) 67
一重項(singlet) 48
永久双極子(permanent dipole) 41
永久双極子モーメント(permanent dipole moment) 34,83
エネルギー準位(energy level) 44
炎色反応(flame coloration) 15
エントロピー(entropy) 78
オキシダント(oxidant) 16
オリオン星雲(the Orion Nebula) 15
温室効果(green-house effect) 16
温室効果気体(green-house effect gas) 13

か 行

回転(rotation) 31
　二原子分子の(of diatomic molecule)
　—— 31
回転 Raman 活性(Raman active) 37
回転 Raman 散乱(rotational Raman scattering) 35
回転運動(rotational motion) 15
回転軸(axis of rotation) 44
回転遷移(rotational transition) 14
回転定数(rotational constant) 32,44
回転波動関数(rotational wavefunction) 32
回転分配関数(rotational partition function) 61,65
回転量子数(rotational quantum number) 32
化学平衡(chemical equilibrium) 74
化学平衡定数(chemical equilibrium constant) 61,73
角運動量(angular momentum) 32
核スピン(nuclear spin) 38
可視(visible) 14

換算質量(reduced mass) 19
慣性モーメント(moment of inertia) 31,44

キーサムの相互作用 → Keesom の相互作用
基準振動(fundamental vibration) 39
気体定数(gas constant) 5
基底状態(ground state) 47
軌道角運動量量子数(orbital angular momentum quantum number) 49
ギブズエネルギー → Gibbs エネルギー
吸光係数(absorption coefficient) 9
吸光断面積(absorption cross section) 10
吸光度(absorbance) 9
球コマ(spherical top) 45
球面調和関数(spherical harmonics) 32
巨視的平衡(macroscopic equilibrium) 60
許容振動遷移(allowed vibrational transition) 25
禁制振動遷移(forbidden vibrational transition) 25,26
均分原理(principle of equipartition) 4
均分律(law of equipartition) 4

屈折率(refractive index) 85
クラウジウス・モソティの式 → Clausius-Mossotti の式
クーロン相互作用(coulomb interaction) 87

結合解離エネルギー(bond dissociation energy) 20
結合次数(bond order) 20

光化学スモッグ(photochemical smog) 16

索引　97

光学遷移(optical transition)　23,24
光子エネルギー(photon energy)　16
剛体回転子(rigid rotator)　31
剛体球ポテンシャル(hard sphere potential)　89
光路長(optical path length)　9
古典極限(classical limit)　5
古典近似(classical approximation)　5

さ　行

サイドバンド(side band)　29
最優勢配置(most probable configuration)　68,69,71
三次元回転子(three-dimensional rotator)　39,44
三次元並進(three-dimensional translation)　67
三重項(triplet)　48
散乱モーメント(scattering moment)　29

紫外(ultraviolet)　14
集合分配関数(ensemble partition function)　78
自由度(degree of freedom)　4,39
周波数(frequency)　16
重率(weight)　68,69
縮重度(degeneracy)　45,58
縮退(degenerate)　33,48
縮退振動(degenerate vibration)　39
縮退数(number of degeneracy)　58
純回転遷移(pure rotational transition)　33
純回転遷移活性(pure rotational transition active)　34
純回転遷移不活性(pure rotational transition inactive)　34
状態の集合間の平衡(equilibrium between ensembles)　60
真空の誘電率(electric permittivity of vacuum)　84

振動(vibration)　19,39
　――の自由度(degree of freedom of)　39
　　多原子分子の(of polyatomic molecule)　――　39
　　二原子分子の(of diatomic molecule)　――　19
振動 Raman 散乱(vibrational Raman scattering)　27,28,30
振動エネルギー準位(vibrational energy level)　22
振動基底状態(vibrational ground state)　5
振動座標(vibrational coordinate)　19,24,30
振動子数(number of vibrators)　39
振動数(vibrational wavenumber)　20
振動遷移(vibrational transition)　14
振動分配関数(vibrational partition function)　64
振動モード(vibrational mode)　12
振動量子数(vibrational quantum number)　22
振動励起状態(vibrational excited state)　5

水蒸気(water vapor)　12
スターリングの近似 → Stirling の近似
ストークス光 → Stokes 光
スピン多重度(spin degeneracy)　48
スピン量子数(spin quantum number)　48

赤外(infrared)　14
赤外活性(infrared active)　23,26,41,42
赤外遷移(infrared transition)　23
赤外不活性(infrared inactive)　12,23,26
遷移(transition)　14
遷移状態理論(transition state theory)　67

98   索　引

遷移双極子モーメント(transition dipole
　　moment)　24
選択則(selection rule)　26,30,34,37,
　　41

双極子遷移(dipole transition)　23
双極子相互作用(dipole interaction)
　　87
双極子モーメント(dipole moment)
　　12,23,24,28,83
相互作用ポテンシャル(interaction
　　potential)　89
相対並進(relative translation)　68

た　行

大気の窓(atmospheric window)　13
対称コマ(symmetric top)　45
対称伸縮(symmetric stretch)　39
対称伸縮振動(symmetric stretching
　　vibration)　12
太陽放射(solar radiation)　11
多原子分子の振動(vibration of poly-
　　atomic molecule)　39
多重度(multiplicity)　33,50,53,58

力の定数(force constant)　19,20
地球温暖化(global warming)　11
地球放射(terrestrial radiation)　11
調和振動子(harmonic vibrator)　19

デバイ[単位](Debye[unit])　83
デバイの式 → Debye の式
デュロン・プティの法則 → Dulong-
　　Petit の法則
電子軌道角運動量(electron orbital angu-
　　lar momentum)　47,49
電子状態(electronic state)　47
電子スピン(electron spin)　47,48
電子遷移(electronic transition)　14,
　　16,47
　　オゾンの(of ozone)──　16

電子分配関数(electronic partition func-
　　tion)　63
電波望遠鏡(radiotelescope)　15

等核二原子分子(homonuclear diatomic
　　molecule)　13
透過率(transmittance)　9
ドップラーシフト → Doppler シフト

な　行

内部エネルギー(internal energy)　75
ナトリウムの D 線(sodium D-line)
　　74
二原子分子(diatomic molecule)
　　──の回転(rotation of)　31
　　──の振動(vibration of)　19
二酸化炭素(carbon dioxide)　11,12
二次元回転子(two-dimensional rotator)
　　31
　　──のエネルギー準位(energy level
　　of)　32
二重項(doublet)　48
熱平衡状態(thermal equilibrium state)
　　57
熱容量(heat capacity)　75
熱力学エントロピー(thermodynamic
　　entropy)　78
熱力学関数(thermodynamic function)
　　73

は　行

倍音バンド(overtone band)　22
配置(configuration)　68,69
波数(wavenumber)　16
波長(wavelength)　16
発光(emission)　14
反 Stokes 光(anti-Stokes light)　27,
　　29,36
反対称伸縮(antisymmetric stretch)
　　39

反対称伸縮振動(antisymmetric stretching vibration) 12

光吸収(photoabsorption) 14
微視的平衡(microscopic equilibrium) 57
非対称コマ(asymmetric top) 45
非調和性(anharmonicity) 26
比誘電率(relative electric permittivity) 84
標準生成内部エネルギー(standard internal energy of formation) 76

分極率(polarizability) 27,28,30,41, 84
分極率遷移(polarizability transition) 27,35
分極率体積(polarizability volume) 84
分散力(dispersion force) 88
分子間力(intermolecular force) 87
分配関数(partition function) 58,60, 63,73

平衡核間距離(equilibrium internuclear distance) 19
平衡構造(equilibrium geometry) 12
平衡定数(equilibrium constant) 74
並進分配関数(translational partition function) 67
変角振動(bending vibration) 12,39
偏長対称コマ(prolate symmetric top) 45
偏平対称コマ(oblate symmetric top) 45

方位量子数(azimuthal quantum number) 49

放射スペクトル(emission spectrum) 11
ボルツマン定数 → Boltzmann 定数

ま 行

マイクロ波(microwave) 14,15
メタン(methane) 13
モル吸光係数(molar absorption coefficient) 10
モル熱容量(molar heat capacity) 4
モル分極(molar polarization) 86

や 行

誘起双極子(induced dipole) 28
誘起双極子-誘起双極子相互作用 (induced dipole-induced dipole interaction) 88
誘起双極子モーメント(induce dipole moment) 84
誘電率(electric permittivity) 84

ら 行

ラマン散乱 → Raman 散乱
ランベルト・ベールの法則 → Lambert-Beer の法則
量子化(quantization) 15,22
量子状態(quantum state) 15
励起エネルギー(excitation energy) 75
励起状態(excited state) 47
レイリー散乱 → Rayleigh 散乱
レナード・ジョーンズポテンシャル → Lennard-Jones ポテンシャル

東京大学工学教程

編纂委員会

大久保達也（委員長）
相田　　仁
浅見　泰司
北森　武彦
小芦　雅斗
佐久間一郎
関村　直人
高田　毅士
永長　直人
野地　博行
原田　　昇
藤原　毅夫
水野　哲孝
光石　　衛
吉村　　忍（幹事）

数学編集委員会

永長　直人（主査）
岩田　　覚
駒木　文保
竹村　彰通
室田　一雄

物理編集委員会

小芦　雅斗（主査）
押山　　淳
小野　　靖
近藤　高志
高木　　周
高木　英典
田中　雅明
陳　　　昱
山下　晃一
渡邉　　聡

化学編集委員会

野地　博行（主査）
加藤　隆史
菊地　隆司
高井まどか
野崎　京子
水野　哲孝
宮山　　勝
山下　晃一

2018 年 9 月

著者の現職

三好　明（みよし・あきら）
広島大学大学院工学研究科機械物理工学専攻　教授

東京大学工学教程　基礎系　化学
物理化学Ⅲ：分子分光学と分子統計熱力学

平成 30 年 10 月 30 日　発　行

編　者　東京大学工学教程編纂委員会

著　者　三　好　　　明

発 行 者　池　田　和　博

発 行 所　丸善出版株式会社
〒101-0051　東京都千代田区神田神保町二丁目17番
編集：電話（03）3512-3261／FAX（03）3512-3272
営業：電話（03）3512-3256／FAX（03）3512-3270
https://www.maruzen-publishing.co.jp

Ⓒ The University of Tokyo, 2018

印刷・製本／三美印刷株式会社

ISBN 978-4-621-08905-7　C 3343　　　　Printed in Japan

JCOPY〈（社）出版者著作権管理機構　委託出版物〉
本書の無断複写は著作権法上での例外を除き禁じられています．複写
される場合は，そのつど事前に，（社）出版者著作権管理機構（電話
03-3513-6969，FAX 03-3513-6979，e-mail：info@jcopy.or.jp）の許諾
を得てください．